H.H.格里什科国家植物园选育的果类和浆果类植物品种

H.H. GELISHIKE GUOJIA ZHIWUYUAN
XUANYU DE GUOLEI HE JIANGGUOLEI ZHIWU PINZHONG

［乌克兰］C.B.克里湄科
［乌克兰］H.B.斯科里普琴科／著
申　健／译

中国纺织出版社有限公司

图书在版编目（CIP）数据

H. H. 格里什科国家植物园选育的果类和浆果类植物品种／（乌克兰）C. B. 克里涓科，（乌克兰）H. B. 斯科里普琴科著；申健译 . --北京：中国纺织出版社有限公司，2024. 1

ISBN 978-7-5229-1435-0

Ⅰ. ①H… Ⅱ. ①C… ②H… ③申… Ⅲ. ①植物园-果树园艺-品种-乌克兰②植物园-浆果类-品种-乌克兰 Ⅳ. ①S66

中国国家版本馆 CIP 数据核字（2024）第 041503 号

责任编辑：闫　婷　金　鑫　　责任校对：高　涵
责任印制：王艳丽

中国纺织出版社有限公司出版发行
地址：北京市朝阳区百子湾东里 A407 号楼　邮政编码：100124
销售电话：010—67004422　传真：010—87155801
http://www. c-textilep. com
中国纺织出版社天猫旗舰店
官方微博 http://weibo. com/2119887771
三河市宏盛印务有限公司印刷　各地新华书店经销
2024 年 1 月第 1 版第 1 次印刷
开本：710×1000　1/16　印张：9. 5
字数：105 千字　定价：98. 00 元

前　言

乌克兰国家科学院 H. H. 格里什科国家植物园果树植物环境驯化部门在分析植物育种与综合育种的基础上，通过杂交育种等技术手段培育新的品种，同时进行新种植物的种内多样性研究、育种改良、繁殖方法研究、优品繁育以及大范围的良种初级试验等，并在工业园圃、农庄园圃以及业余园艺中推广栽培。

本书主要介绍了乌克兰国家科学院 H. H. 格里什科国家植物园多年选育的果类及浆果类植物的主要栽培特性，包括杏、榅桲、猕猴桃、葡萄、荚蒾、山茱萸、五味子、桃、木瓜等的品种特性及栽培技术。

希望本书能对园艺爱好者、农场主、农业院校相关专业学生有所裨益。

作者

2022 年 1 月

目　录

1 引 言

果树和其他植物一样，其高产的根本在于品种。品种是果树栽培的基础，是果树栽培集约化最重要的推动力。俄语中“品种”（Сорт）一词同法语词 Sorte，源自拉丁语 Sors，意为“一小部分”。在果树栽培中，品种是指通过育种创造出的果类作物的类型，具有一些可以遗传的固定的生物学特征和经济特征。

在现今的理解中，品种是通过育种而创造的在一定的农业生态学条件下具有固定遗传特征、形态学特征、生物学特征和经济特征，且适宜耕种的同一种作物的总称。

在乌克兰《植物品种权保护法》（2002）中这一概念的定义为：“植物品种”是指在已知的植物学分类中，较低范畴的单独的植物群体（克隆、系、第一代杂种、种群），不管其是否满足提供法律保护的条件。

——植物品种的确定可以依据一些特征表现的程度，这些特征是已知的某个基因或基因组活动的结果。

——植物品种可以凭借某一特征的表现程度与其他植物群相区别。

——植物品种可以被认为是群体内全部植物用来繁殖且外观不变的固有属性方面的唯一整体。

对品种的要求随着社会历程和经济进程的更迭而变化，但保持不变的是：品种应是植物高产的基础，是植物栽培中一种节约资源的工艺元素，它是获得稳定高产的、独立且完全确定的因素，应具有生产性的整体特征（成分）。

果树的育种过程通常分为三个基本阶段：确定育种目标并培育未来品种样品；选择用于杂交的亲本组；选取有前景的杂交种并试验。每一个阶段都具有其特性和相应的方法保证。使用传统的育种方法，同时必须广泛使用数学方法和计算机技术，这是对“机体环境”的复杂系统（育种专家的研究对象）进行研究所必需的。

品种样品应具备详细的参数。该样品以在最佳的品种和取样中达到的水平为基础，同时考虑到现今追求的趋势——找到育种上最佳的解决方法。对任何规划而言，其育种的首要任务都是获得更易培养且更有利的优质品种。

育种专家确定培育新品种的基本方向时，通常从每种作物的成就和任务单独出发。瓦维洛夫说过：“育种是一门艺术。现今大量最宝贵的果树品种都是如艺术般育种的成果。”

一些植物的育种工作可以追溯到几千年前，而另一些植物则处于开始阶段，尽管它们的有益特性和治疗属性广为人知。例如，梨、苹果、葡萄的很多顶级品种久负盛名。人们学会了培养具备预期属性的品种，很多植物的育种工作都大大地向前推进，数千种苹果、梨被培育出来，它们的果实的颜色、大小、形状和其他品质常常让人出乎意料。

很多果树植物位于其可栽培地域的北部边境，在乌克兰森林草地条件下，育种追求的最重要的特征之一就是耐寒性和耐极端环境因素性（无雪的冬天，冬春过渡期温度急剧波动等）。

乌克兰的园艺产业中具有代表性的果树植物品种数量有限，主要有苹果、梨、毛樱桃、李子、樱桃李、杏、樱桃、桃等。

近几年，一些之前仅在野外可见的新的水果和浆果植物被引入乌克兰以及独联体国家的园艺中，这些非传统果树植物富含生物活性物质，且具有重要的经济价值。

全世界种植的水果和浆果植物有 850 种，乌克兰引种的约 400 种，50 个属，其中只有 3 个单种属——榅桲、木瓜和欧楂的物种潜力开发得较为彻底，但对于其他大多数种来说，仍然具有较大的开发潜力。

乌克兰国家科学院 H. H. 格里什科国家植物园（图 1-1）进行的非传统果树植物引种工作与第二次世界大战后初期植物园建设有关，划归入非传统果树植物的不只有一些为人熟知的植物，其成为作物起源于远古时期，还有一些新的植物（来自当地野生植物群和引种自不同植物区），成为作物的时间不长，尚未充分在工业园圃或农庄园圃中种植，这些非传统果树植物富含生物活性物质，对应对多变的气候具有稳定性特点。

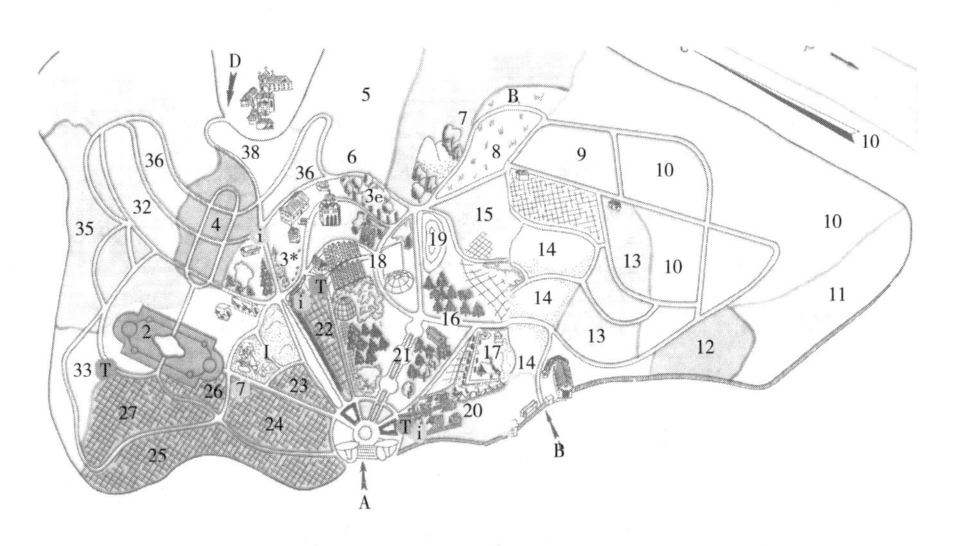

图 1-1 乌克兰国家科学院 H. H. 格里什科国家植物园展区分布图

A—主入口；Б—沿岸公路入口；B—办公入口；植物园管理处与总务站；《铁线莲》—销售种子、花、种植材料与室内植物的商店；1—山地园区与山脚谷地；2—玫瑰花圃；3—树木园：a—桦树林，б—针叶林，в—枫树和山毛榉，г—豆科、椴树、胡桃科，д—观赏苹果树和其他蔷薇，e—木兰，ж—七叶树和牡丹，з—喜湿植物；4—丁香园；5—榛树栎林；6—山毛榉栎林；7—“乌克兰喀尔巴阡山”植物地理区；8—“乌克兰草原”试验田；9—鞑靼槭栎林；10—果园；11—“远东”区；12—“克里米亚”区；13—“中亚”区；14—“高加索”区；15—“阿尔泰和西西伯利亚”区；16—松林区；17—“乌克兰珍稀危植物”区；18—温室：热带和亚热带植物；19—景观小山丘；20—藤本植物区；21—花坛；22—一年生花卉观赏植物区；23—饲料植物首次繁殖园区；24—饲料植物、香料植物与药用植物展区；25—罕见蔬菜；26—天竺牡丹展区；27—多年生花卉观赏植物区

猕猴桃、沙棘、金银花等野生植物的种植历史相对较短，近几十年才得到广泛推广。对于一些物种，人们很早以前就在使用，如花楸、荚蒾、山楂、山茱萸，但一些物种的人工种植情况已经衰退，育种选出的品种被遗弃，另一些物种没有品种分类，它们以天然形态被利用，只在近几十年

才开始它们的育种工作。

开发植物新种，尤其果树植物，从确定具有潜在价值的对象到将其进行人工种植，需要进行专门的研究。这类研究工作在工业范围内无法进行。很多宝贵的观赏植物、药用植物、果树植物的大规模引种都是从植物园开始的。

很多种非传统果树植物在18世纪后半叶被认为具有经济、社会意义，并在个别国家大规模推广种植。其中有黑莓、蓝莓、番荔枝（美国）、奇异果（新西兰）、沙棘、金银花、山楸梅（俄罗斯）、木瓜（拉脱维亚）、接骨木（奥地利）、山茱萸（乌克兰）等。

种植历史相对较短的非传统果树植物中含有丰富的生物活性物质，从而引起人们的关注。因此，对新的非传统果树植物进行人工种植，必须提高其作为园艺产品的保健性能和营养品质。

著名的俄罗斯生物化学学者莱昂尼德·伊万诺维奇·维格洛夫教授已经阐明了多种非传统果树植物果实，以及其他植物器官——叶、芽等的药用价值。通过广泛的生物化学研究，莱昂尼德教授将诸多非传统果树植物用于各种疾病治疗，证明了这类水果的价值不仅在于淀粉、蛋白质、糖或纤维素含量，更在于其含有生物活性物质。

莱昂尼德教授认为，应用生物活性物质预防和治疗疾病比使用抗生素更为有效。希波克拉底说："要让你的食物成为你的药"。伊·弗·米丘林认为非传统水果如药用食品一样具有重要意义，他说："请您留意是否能够获得一些对治疗某些疾病大有助益的果实品种。"

2 果树植物环境驯化部门的工作

乌克兰国家科学院 H. H. 格里什科国家植物园果树植物环境驯化部门的引种和育种工作是在已有基因库（现代意义上的基因库是指在一定程度上大量个体中遗传特征多样性的总和，这些遗传特征是最基本的）基础上进行的。

在分析育种与综合育种基础上创建新的品种，并在工业园圃、农庄园圃以及业余园艺中推广之前，要进行新种外来植物的种内多样性研究、育种改良、繁殖方法研究、优品繁育以及大范围的良种初级试验。

基本的研究方法包括分析育种与综合育种，以及体细胞突变的精选方法。分析育种是以自然选育的结果为基础，广泛使用几代种子重播再筛选的方法。综合育种即创建具有预计特征和属性的品种。

综合育种的方法以杂交为基础，瓦维洛夫称其为“创建具有遗传性变异的植物新品种最有效的方法”。“无疑，杂交是构型的因素之一。”瓦维洛夫继续补充说，“但是，只有三个基本因素与变异性、抽样的遗传性同时作用才可以解释进化的过程……”

将一系列重要的育种特征集中，以最佳形式显现出杂交种的概率比较小，可以通过使用各种数学方法解决这个问题。运用科学的信息学方法、数学方法和计算机技术是研究复杂的“机体环境”系统（育种专家的研究对象）所必需的。

多维统计的分析方法要求分离出特征联系紧密的稳定群组（集群），并将原始类型划分成集群。划分为同一集群的几个品种应具有某些特征综合体的类似表现。品种可以被视为一个内部和外部相互作用的复杂系统，通过数学建模的方法可以对品种进行重塑样品。育种专家的任务在于研究作物的优先发展方向。因此，必须进行大规模的杂交组合，开展杂交种的研究，来筛选最有价值的基因型。耐寒性、产能、果实品质、短枝率是最基本的育种需求，还应该补充一个现代化需求，即果实的生物化学成分。

谈到以追求果实品质及其生物化学成分为目标的育种的必要性，瓦维洛夫强调，育种的目标不仅是提高果实的品质，还要确保其生物化学成分的稳定。现代生物化学应该研究并理解作物中最重要的品种群体的化学可变性范围。研究证实，果实中生物化学成分含量及其相互关系是品种所具有的重要特性。

乌克兰国家植物园的多年引种和育种工作证明，在非传统果树植物的培育和推广中可以广泛利用各种植物地理起源的种材。很多物种备受关注，如番荔枝、接骨木、枸杞、刺李、花楸，其育种工作正在进行中。其中一些物种在几千年内一直是广为人知的作物，另一些则刚刚种植不久，如金银花、番荔枝、猕猴桃、木瓜等，但其广泛使用的潜力正在通过品种的培育得以展现，品种是物种最高水平的体现。

非传统果树植物引种育种部门的工作是多阶段性的，研究其在新条件下的生物学和生态学特性及适应特性，最终创建新品种并录入非传统果树植物新品种目录。

（1）第一阶段（1945—1960 年）。

①桃属（桃、山桃等）。

②杏属（杏、东北杏等）。

③李属（樱桃李、黑刺李等）。

④山楂属（橘红山楂、单子山楂、柔软山楂、克鲁斯加利山楂、阿诺迪亚纳山楂等）。

⑤苹果属［苹果（地方品种）、多花海棠、山荆子、萨金特海棠、M. 涅茨韦茨基亚纳等］。

⑥梨属（西洋梨、胡颓子叶梨、杜梨等）。

⑦花楸属（欧洲花楸、甜酒品种、石榴品种、欧亚花楸、腓尼基花楸等）。

⑧樱属（欧洲酸樱桃、欧洲甜樱桃、毛樱桃）。

⑨猕猴桃属（软枣猕猴桃、狗枣猕猴桃、中华猕猴桃等）。

⑩胡桃属（胡桃、胡桃楸、灰胡桃等）。

⑪葡萄属，酿酒用葡萄种。

（2）第二阶段（1960—1980年）。

①腺肋花楸属，黑果腺肋花楸种。

②山茱萸属，大果山茱萸种。

③木瓜属（倭海棠、贴梗海棠、毛叶木瓜、傲大贴梗海棠、Ch. Kalifornica，全部种的品种）。

④榅桲属，榅桲种。

⑤沙棘属，沙棘种。

⑥五味子属，中国五味子种。

⑦水牛果属，银水牛果种。

⑧荚蒾属，欧洲荚蒾种。

⑨唐棣属（圆叶唐棣、加拿大唐棣、唐棣）。

⑩桑属（黑桑、白桑）。

（3）第三阶段（1980—1995年）。

①胡颓子属（木半夏、银果胡颓子、牛奶子）。

②栗属，欧洲栗种。

③忍冬属，蓝果忍冬种。

④欧楂属，欧楂种。

⑤蔷薇属（犬蔷薇、玫瑰）。

⑥枣属，枣种。

⑦茶藨子属（黑穗醋栗、欧洲醋栗）。

（4）第四阶段（1990—2012年）。

①山茱萸属（山茱萸、无梗山茱萸）。

②四照花属（日本四照花、大花四照花）。

③灯台树属（互叶梾木、灯台树）。

④梾木属（红端木、偃伏梾木、加拿大梾木）。

⑤水牛果属，加拿大水牛果种。

⑥巴婆果属，巴婆种。

⑦柿属（柿、君迁子、美洲柿）。

⑧接骨木属（西洋接骨木、金叶接骨木、矮接骨木）。

⑨花楸属，欧洲花楸种（品种——猩红大花楸、索宾卡、泰坦等）。

⑩假榅桲属，中华假榅桲种。

乌克兰植物品种名录包含果树植物环境驯化部门的 55 个品种，其中，杏 1 个，樱桃李 1 个，葡萄 1 个，五味子 1 个，木瓜 4 个，榅桲 5 个，猕猴桃 15 个，桃 13 个，山茱萸 14 个。

只有最优秀、最有前景的样品才能成为新品种的种源，进而进行克隆。克隆是一个母本植物无性繁殖的后代。果树植物的任何品种按其起源来说都是克隆产物。克隆可以是同源的，即源自单一的母株，也可以是异源的，即源自两个以上母株。

果树植物品种的独特性是无性繁殖，而非种子繁殖。培植中的所有品种都是克隆的，因为它们的性能和特征无法通过种子复制，甚至即使是自花授粉，而非异花授粉植物，品种的幼苗中也很少见到与母株非常相像的样品。除此之外，尽管与来源品种可观察到的外在相似之处很少，但是其幼苗几乎总是具有独特的生物学特征——果实品质、耐寒性、抗旱性、产出率、抗病虫害和抗病力。个别幼苗的总体性能和特征可以超越起源品种，此时即可作为新品种的种源。这是新品种育种的基本方法。育种专家特别精选出更具前景的杂交亲本组，来获得种子和培育幼苗。

果树植物无性繁殖的方法可以保证品种的恒有度。众所周知，一些品种成为作物已经有几百年的历史，仍保持着自己的特征。但是，克隆会诱发突变（体质突变意味着品种的偏差），这为通过选择芽体的积极变化来改良品种提供了可能。

每种作物突变的幅度都是特定的，但总体上符合瓦维洛夫同系列规律。育种特征的数量很多，但要将它们尽可能多地结合，可能性却不大，因此必须有足够多的杂交苗，从中选取最有前景的。目前，非传统果树植物的育种工作中尤为迫切的问题是，对于遴选杂交幼苗的评价标准以及选育中变异性分析方法的研究较少。变异性的系统分析方法尤为重要，可以从相关特征的总体角度对客体进行评价。对总体特征的研究显著增强了表现型变异性分析法的“遗传权重”。伯班克（Burbank）也强调，“育种作为一个工业领域，其中的进化规律知识和大自然工作方法的知识不再仅仅是难以引起直接兴趣的理论，而是实际工作中的关键要素……”

品种试验是育种过程的延续，是连接科学与生产的一个环节。近几年乌克兰的试验品种数目有所增长，但数量与品质处于相反状态，一些植物选育品种的品质表现出下降的趋势。

1986—1999 年，乌克兰国家委员会提出对 9 个主要作物群的 2323 个品种进行试验，其中包括 728 个外国品种。1991—1995 年，这两个数字分别为 2981 和 1684，而 1986—1995 年，有 3758 个品种被停止试验，其中包括 2280 个外国品种。因此，与其他领域不同，在品种试验体系中，数量与品质的相互关系是重要的关注点之一。

乌克兰植物品种试验国家委员会近几年进行了真正的改革：在国家植物品种目录（表 2-1）中加入新的物种——无花果、黑莓、榛子、枣、奇异果、柿子、金银花、山茱萸、猕猴桃。

表 2-1　乌克兰植物品种名录中的非传统果树植物（2012 年）

物种	品种培育机构	品种数量	注册年份
榅桲种 加长榅桲	乌克兰国家科学院 H. H. 格里什科国家植物园	6	1981
	乌克兰农业科学院国家科学中心——尼基塔植物园	5	1982，1999，2001
猕猴桃种 猕猴桃	乌克兰国家科学院 H. H. 格里什科国家植物园	12	1992，2001
山楂种 山楂	阿尔乔莫夫斯基园艺研究所科研中心	3	2001
胡桃种 胡桃	乌克兰林业与农业土壤改良科研所	4	1988，1991，1997
	乌克兰农业科学院德涅斯特河沿岸园艺研究所试验站	8	1995，1997

续表

物种	品种培育机构	品种数量	注册年份
忍冬种 食用金银花	乌克兰国家科学院 H. H. 格里什科国家植物园	4	2001
	瓦维洛夫全俄植物栽培科研所 乌克兰农业科学院红库特科研中心	2	2002
巴婆种	乌克兰农业科学院国家科学中心——尼基塔植物园	2	2010
无花果种 无花果	乌克兰农业科学院国家科学中心——尼基塔植物园	1	1994
欧洲荚蒾种 琼花	乌克兰农业科学院西米列恩科穆里耶夫园艺研究所	2	2001
中华猕猴桃种 奇异果	乌克兰农业科学院国家科学中心——尼基塔植物园	2	2000
大果山茱萸种 山茱萸	乌克兰国家科学院 H. H. 格里什科国家植物园	14	1999，2000，2001
	乌克兰农业科学院阿尔乔莫夫斯基园艺研究所科研中心	1	2001
五味子种 五味子	乌克兰国家科学院 H. H. 格里什科国家植物园	1	1998
木犀种 橄榄	乌克兰农业科学院国家科学中心——尼基塔植物园	1	1994
扁桃种 普通扁桃	乌克兰农业科学院国家科学中心——尼基塔植物园	5	1954，1976，1986，2000
沙棘种 沙棘	西伯利亚利萨文科园艺科研所	5	1988
	阿尔乔莫夫斯基园艺研究所科研中心	1	2000
枣种 枣	品种培育机构（1010）不详	1	1994
	瓦赫什地区亚热带作物试验站	1	
榛子种 榛子	乌克兰林业与农业土壤改良科研所	12	1981，1985，1988，1989，1991，1996
倭海棠种 贴梗海棠	乌克兰国家科学院 H. H. 格里什科国家植物园	4	2001
	阿尔乔莫夫斯基园艺研究所科研中心	4	
柿树种 柿树	乌克兰农业科学院国家科学中心——尼基塔植物园	1	1994

新物种在该目录中注册并不证明该品种已经就生物学特征、生态学特征、果树栽培学特征和经济特征等方面进行了广泛的试验，还需要进行广泛的生产试验、评价以及品种试验田推广栽培。目前，初期试验已经委托给品种申请机构来进行。这样做，一方面程序得以简化，这是积极的一方面；另一方面，没有经过广泛的生产试验，是不能直接大面积推广栽培的。而试验应当通过创建引种种群的方式来开展，届时才可以谈及物种作物栽培区域的产生，也就是确定在分类群现代自然区域之外出现和形成的，与其栽培直接相关的地带。应当承认，目录中登记的很多物种的品种没有繁殖，例如，金银花、奇异果、桑树等，也就意味着不会扩散推广。它们何时能够形成引种种群呢？

研究人员曾把山茱萸的种植材料送到乌克兰不同生态条件的25个州的品种试验田，用来进行品种试验。这是该植物的一次全方面试验，是对最重要指标的评价。在文尼察地区内米洛夫斯基品种试验田，目前仍然进行着严格的品种试验工作，这里保存着25~30年的山茱萸植株以及其他植物的品种。同样要提到波尔塔瓦地区的列赛季罗夫品种试验田、基辅地区的别列赞斯基品种试验田。遗憾的是，近些年生产试验大量缩减，因此很难对品种进行评价，尤其在现如今天气条件变幻莫测的情况下。大规模的品种生产试验是需要的，尤其是对国民经济很有价值的新物种。近段时间，柿树、枣、猕猴桃的很多类型和品种得到推广，这得益于爱好者们的积极作为，他们为开发新的植物种贡献着自己的力量。

近三四十年内，在诸多植物园、园艺研究所、有经验的试验站进行的新品种水果植物的高强度研究，使研究人员有机会获得新的富含生物活性物质的能产型、免疫型品种。非传统水果植物具有很高的抗病虫害性能，因此可以减少使用杀虫剂和杀菌剂，这在生态条件日趋复杂的当今是特别重要的。

在乌克兰栽培新种水果植物很重要，因为通货膨胀和失业削弱了个体经济的发展，农村家庭中的个体经济达到总收入的一半。因此，从1990—1995年，在庭院经济的家庭总收入构成中，城市家庭的货币收入由2.5%

增长到 8.5%，农村家庭由 28.5%增长到 54.3%。近 15 年里，水果生产在社会经济成分中下降了一半。同时，该指数在居民经济中却稍有增长。这更加证实了，果业变得越来越受欢迎，对非传统水果植物的需求也有所增长。

除此之外，近几年的极端天气给水果植物带来很大的损害。例如，2001—2002 年的春季（5 月）霜冻，气温下降到-7～-6℃，摧毁了苹果、梨、李的花朵，但非传统水果植物——沙棘、荚蒾、山茱萸、野蔷薇、郁李、山楂、金银花经受住了降温且正常收获。更多的情况是气温热得异常。这是北半球气候保持着全球变暖趋势的结果，这种趋势的特点就是气温的月平均值的发展偏离气候标准。在进行研究的近 50 年内，1 月的月平均气温较气候标准高出 2℃以上有 13 次（1952 年，1955 年，1958 年，1966 年，1975 年，1988 年，1989 年，1990 年，1995 年，1998 年，1999 年，2001 年，2002 年），2 月异常温暖有 15 次（1955 年，1957 年，1958 年，1966 年，1973 年，1974 年，1977 年，1981 年，1983 年，1998 年，1999 年，2000 年，2002 年，2012 年，2013 年）。这些年里白天最高气温上升到 3～5℃及以上，导致积雪提前融化，破坏了积雪层。

在进行研究的近 40 年内欧洲气温上升了 0.7℃。气候变暖的主要原因是空气中二氧化碳含量的不断升高，由 0.028%增长到 0.038%。预计到 2100 年，二氧化碳含量将达到 0.056%～0.081%的水平，气温将上升 3～4℃，这将会引起全球的气候变化，植物生长期也将随之改变，霜冻的破坏性也将增强。所谓温室气体中，还有一氧化氮、甲烷和臭氧，同样会影响气候变化。这对植被的破坏也会产生很大影响。

很多专家认为，数十年后北欧的气候将如同现在大陆南部盛行的气候。随着气候变暖，生长期缩短，收获更高，果实更大，培育喜温植物更有潜力，而害虫也会发展得更加剧烈。气候变化的后果对园艺的影响可能会更频繁、更显著。

3 研究区域的气候条件

H. H. 格里什科国家植物园果树植物驯化部门的研究区域位于森林洼地和森林草原两个地带的交界处。国家植物园位于基辅近郊的东南部，坐落在基辅高地的彼切尔斜坡上，野生动物园区内，具体位于北纬 50°32′和东经 30°33′的交汇点。基辅高地属于东岸大高地，或也可以说是位于第聂伯河与南布格河的河间地带的第聂伯河沿岸高地。国家植物园在基辅地域内的平均海拔为 220~240 米。

植物园内土壤主要为黄土、黄土岩石和棕色黏土覆盖下的黑灰色灰化土。由于园区地貌错综复杂，土壤表层被大幅度侵蚀或者被完全冲走，具有少量的腐殖土。人类活动对园区土壤覆盖影响巨大，导致土壤覆盖衰退。园区的地下水较深，因此不影响土壤形成过程。

基辅属于温带气候，年平均气温为 7.6℃，1 月平均气温为-5.5℃，7 月为 20.4℃。绝对最低温度为-36℃，最高温度为 39℃。冬季，西风或西南风带来大西洋气团，使气候变得温和，日平均气温为-5~2℃。大西洋的空气入侵引起气旋活动，带来雨雪形式的大量降水，以及大雾、霜冻和冻雨，0℃以上的温度会导致积雪覆盖减少或者融化。在研究期间的很多年里，冬季月份的平均气温有所降低，甚至达到-10℃以下。当地的或由东而入的大陆性气候对基辅冬季天气的形成影响很大。因此，基辅的冬季常出现多云、阴雨、刮风的天气，伴随霜冻，气温为-15~-10℃。有时北极的空气入侵，会引起短期的大幅度降温，尤其是在夜里，此时气温会下降到-20~-15℃，有时还会达到-30℃，白天为晴朗天气。

冬季的月平均气温会有所波动：12 月月平均气温不超过-7℃，1 月下降到-13℃，2 月低于-13℃。年平均寒冷日数为 136 天。稳定的积雪覆盖一般从 12 月中旬到 3 月末，平均持续 90 天，开始和消退的时间非常不固定。积雪厚度不大，平均不超过 10cm。

近 40 年内基辅市绝对最低气温出现在 1987 年 1 月，为-27.9℃，也曾经出现过绝对最低气温为-33.7℃的年份（1949—1950 年，1962—1963 年）。在 1978—1979 年、1996—1997 年冬季气温短期下降同样也达到-28～-27℃。2005—2006 年的冬季尤为寒冷，最低气温在-29～-27℃（乌克兰东部低温达到-35℃，甚至-40℃），2010—2011 年低温时间不长，但也达到-35～-30℃。2005—2006 年冬季多雪，积雪厚度达 30～40cm，在 3 月末积雪才迅速融化。4 月初急剧升温，从冬到春没有逐渐过渡。

基辅的春季天气变幻无常，经常出现倒春寒。受低气压移动方向的限制，基辅春季寒冷又漫长，多阴雨天气，有时会出现温暖、阳光柔和的天气。

年平均数据显示，日平均气温超过 0℃的时期被认为是春季真正来临。在研究期间的近 50 年内，基辅市日平均气温超过 0℃的日期一般在 3 月 17 日之后，超过 10℃的日期一般在 4 月 25 日之后，这之后由于极地冷空气的侵袭，仍有可能降温，日平均气温可能下降到 0℃以下，例如，在 2001 年和 2002 年，在 5 月初气温下降到-7～-5℃。

基辅夏季暖热，伴有大幅度的气温波动，降水分布不均衡。夏季月平均气温为 17～24℃，气温超过平均值的总天数为 50 天，6 月和 8 月平均为 14～15 天，7 月为 16～17 天。绝对最高气温达到 30～35℃。6 月的月平均气温一般为 17～20℃，7 月为 23～24℃，8 月为 19～20℃。由于夏季气温高，经常出现土壤表面温度很高的情况。

无霜期是指春天终霜至秋季初霜的天数。多年数据显示基辅市最近一次春季霜冻出现在 4 月下半月，但个别年份出现在 5 月，这在很大程度上缩短了无霜期。平均来说，秋季霜冻通常发生在 10 月 14 至 16 日，无霜期为 165～180 天，而个别年份为 155～200 天。秋季以多云天气为主，由于来自西方和西南方的大西洋气团取代了当地更为寒冷的大陆气团，经常伴有长时间的降雨。通常，秋季的月平均气温都在 0℃以上，但每月都有下降。因此，如果 9 月月平均温度为 15℃，10 月就已经是 7℃，而 11 月在 1℃左右。多年数据显示，一般 11 月 28 日气温会跨过 0℃。秋季经常有温暖的空气从南而来，最常发生在秋季前半期，此时气温回升，被称为“小阳春”或“秋老虎”。

根据多年数据显示，基辅市活动温度总和（积温）为 2000~2500℃，个别年份误差为 200~400℃。基辅市平均年降水量为 550~650mm，个别年份在 450~700mm。降水多集中在 5 月至 8 月：5 月平均降水量为 50mm，6 月为 70mm，7 月为 80mm，8 月为 60mm，在植物的活跃生长期内总降水量达 350~400mm。夏季降水通常为短时降水，经常是暴雨，但只能稍微浸湿土壤。

国家植物园园区内的年平均相对空气湿度在 73%~76%，在 5 月至 8 月的 13 时不超过 51%~54%，有时下降到 12%~16%。园区内温暖的季节里多刮西风，而在寒冷的季节多刮东风和东南风。

基辅和基辅州的天气条件对很多水果类作物的培育很有利。无霜期的长度、温度条件、植物活跃生长期的降水量使从气候条件相似或者更温和的地区引种并成功培植多种水果类植物成为可能。

4 品种特性

4.1 杏

4.1.1 植物园（Botsadovskiy）（图 4-1）

（1）研发者：И. М. 沙伊坦，Л. М. 丘普里娜，И. К. 库德烈恩科。

（2）国家注册证书编号 1531。

（3）杂交亲本品种——卡申柯 84×利托夫琴科。2001 年起收录在乌克兰植物品种名录中。

（4）树木长势中等。

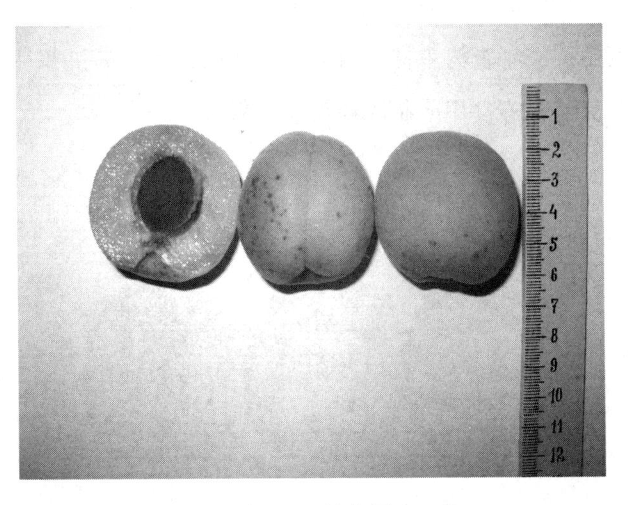

图 4-1 植物园

（5）果实大，单果重 40～50g，圆形，两侧稍扁。果皮被中度茸毛。果实基本呈黄色，阳面着模糊的红晕，外表诱人。果肉呈黄色，柔嫩多汁，甜美可口。糖分含量为11.0%~14.0%，有机酸含量为1.1%。果实品尝评价5分。果核中等大小，重4~5g，离核。为早熟品种，成熟期在7月末。

（6）该品种成年杏树单株产量为80~100kg，极为抗寒，定期产果。

（7）果实可新鲜食用或制成罐头、干果等。

4.1.2 卡申柯记忆（Pamiat Kaschenko）（图4-2）

（1）研发者：И. М. 沙伊坦，Л. М. 丘普里娜。

（2）国家注册证书编号1532。

（3）该品种由源自南方的苗木精选而来。2001年起收录在乌克兰植物品种名录中。

（4）果实为凸椭圆形，两侧向顶端渐扁，个大，重50~60g，色泽鲜艳，呈黄橙色，果实基部具红晕，味道鲜美，品质上乘。果肉为橙色，多汁，质地致密，香味独特。糖分含量为12.0%，有机酸含量为1.0%，果实品尝评价5分。果核中等大小，圆形，重4g，离核。果实成熟在7月后半月。

（5）该品种成年杏树单株产量为40~50kg，具有高抗寒性。

（6）果实可新鲜食用或制成罐头、干果等。

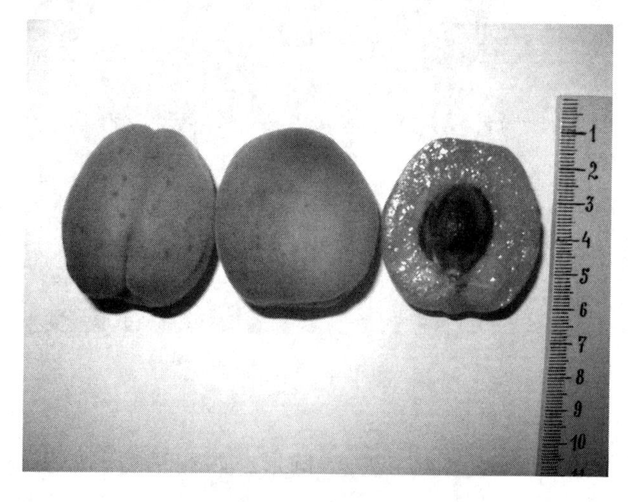

图4-2　卡申柯记忆

4.2 榅桲

4.2.1 科学院榅桲（19–15）［Akademicheskaia（19–15）］（图 4–3）

（1）研发者：C. B. 科李湄科。

（2）国家注册证书编号 968。

（3）该品种于 1963 年由自由授粉的苗木分离而来，是继女大学生这一品种之后最好的品种之一。1999 年起收录在乌克兰植物品种名录中。

（4）该种榅桲的特点是果实漂亮，大小一致，味道鲜美，品质独特，高产（结果无周期性）、耐寒，果实极耐贮藏。该品种为乌克兰北部地区最有前景的品种之一。

（5）母本植株不高（最高达 3.5m）。树冠圆形，中部稠密。主干长 70~80cm，有灰黑色树皮。主枝颜色比主干浅，生长良好。一年生枝条呈褐色，有黄色皮孔。枝顶端有大量绒毛。叶片大小中等，长卵形。

图 4–3　科学院榅桲（19–15）

（6）果实为苹果形，表面基本平滑，大小一致，个别果实有轻微的凸凹不平，尤其是萼周和果实基部。果实基部略微不对称。果皮非常嫩薄，平滑，呈淡黄色，有轻微的模糊红晕。果肉质地致密、多汁，呈奶油色或淡奶油色，味美稍涩，在空气中会很快氧化变黑。果核不大，扁平鳞茎形，长 2.5cm，宽 3~4cm，位置靠近果实顶端，周围分布少量石细胞。果实子房室不大，闭合。种子数量为 28~32 颗。果实成熟期一般为 9 月 20 日到 10 月 15 日。

（7）产量高，单株可达 45~50kg，无间隔，高度耐寒。

（8）果实多用于加工，如制作蜜饯、果酱、果冻、果糖、果汁等。

4.2.2 达鲁诺克·奥努库（2-13）［Darunok onuku（2-13）］（图 4-4）

（1）研发者：C. B. 科李湄科。

（2）国家注册证书编号 969。

（3）该品种是由 2-12×卡申柯 8 号×15-17-6 融合而得的杂交苗木。1961 年杂交种子播种，1967 年实生苗结果，1969 年良种实生苗被选出，1997 年转交国家进行品种试验。1999 年起收录在乌克兰植物品种名录中。

（4）母本植株的树冠呈漂亮的锥形，25 年树龄的植株可高达 3.2m，树冠直径 3m。树冠茂密，主枝向上，结实无间隔。年生长相当稳定，结果主要集中在 30~45cm 长的枝上，极少出现在短枝。叶大，长 8.5cm，宽 6.5cm，披针形或椭圆披针形，无光泽，叶脉粗糙，叶柄长 1.6cm。

（5）果实为椭圆柱形，无棱，无瘤突，平均大小 250~270g，长 85~100mm，两个切面的直径为 75~85mm，果实形状、大小匀称，十分美观。该品种果实形状与其他品种不同。果梗不明显，是一个不大的肉质凸起。颜色主要为鲜黄色，果皮柔嫩、光滑，茸毛在果实成熟尚未离枝时便褪去。果肉呈黄奶油色，柔嫩，成粒状，香气浓郁，口味宜人，在空气中会快速氧化变黑。果核不大，鳞茎状，长 2.5~2.7cm，宽 3.0~3.5cm，位于果实中心。果实基部对称。子房室不大，种子数量为 40~45 颗。果实成熟期一般为 9 月 15 日到 10 月 15 日。果实储存期很长，室温条件下（无冷藏室）可储存到2、3月。果实在储存期中可很好地完成后熟作用，呈漂亮的橙黄色。

（6）25年树龄单株产量为60~90kg。该品种相当耐寒，1~2年生的树枝在个别酷寒的冬天会受损，但树冠可以恢复良好，结果早。

（7）果实多用于加工，如制作蜜饯、果酱、果冻、果糖、果汁等。

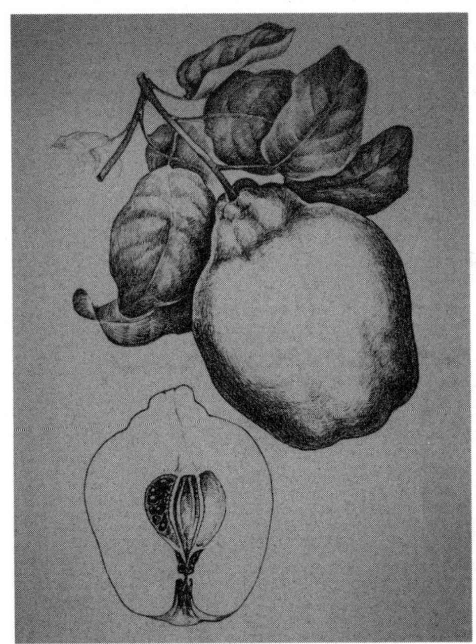

图4-4 达鲁诺克·奥努库（2-13）

4.2.3 玛利亚榅桲（17-5）［Mariya（17-5）］（图4-5）

（1）研发者：C. B. 科李湄科。

（2）国家注册证书编号970。

（3）该品种由克里米亚的榅桲种子获得的实生苗筛选而来。1999年起收录在乌克兰植物品种名录中。

（4）母本为卡申柯环境驯化园（今已不存在）中15年树龄的具有5个砧茎的灌木状植物，其株高为3.7m，树冠直径为5.5m。1975年，研究人员将两年生的实生苗移植到新的育种试验田。该品种 20 年树龄的植株高可达 3. 5m，树冠直径为 4m。树冠茂密美观，呈椭圆形。成熟期晚或中晚（从 9 月 20 日至 10 月 20 日）。结果主要在短的或中等长的一年生枝上。每年增长良好，中、短的一年生枝上的新生率大。叶大，被大量茸毛，呈鲜绿色。

（5）该品种每年结果最大果实纵径可达 9. 5cm，横径可达 10. 3cm，中等重量为 360~385g，最大达 500~700g。果实为苹果状外形，带有梨状突起，有轻微棱突，毡茸重呈绿黄色，只在贮藏情况下为柠黄色，此时茸毛完全消失，之后果肉变得更加适合食用。果肉多汁，松散，与其他类型相比更柔嫩，口味更酸甜、清新，奶油色无暗沉。子房室周围石细胞不多。果皮厚，香气浓郁。果实容易与果梗分离。果核大，位于果实中心。子房室闭合，长 2. 8cm，宽 4. 4cm，种子数量为 50~55 颗。果实成熟期一般为 9 月 20 日到 10 月 15 日。

（6）该品种结果快，耐寒，高产。20 年树龄植株单株产量达 50~70kg。果实在冷库中可完好储存到 2 月，皮下斑点不发生。

（7）果实用于加工，可制作蜜饯、果酱、果冻、果糖、果汁等。

图 4-5　玛利亚榅桲（17-5）

4.2.4 女大学生榅桲（Studentka）（图 4-6）

（1）研发者：C. B. 科李湄科。

（2）国家注册证书编号 976。

（3）该品种为榅桲类型 19-15×17-5 与由克里米亚榅桲自由授粉所得的第三代选育出的本地实生苗的杂交品种。1963 年杂交种子播种，1967 年实生苗结果，1969 年良种实生苗被选出，1987 年转交国家进行品种试验。1999 年起收录在乌克兰植物品种名录中。

（4）该品种的主要优势为高度耐寒。

（5）树形非常美观，树冠浓密，呈阔椭圆形，高 4m，直径为 4.0~4.1m。树枝与主干呈锐角，外拱成弧形，弯曲紧凑，末端向上。

（6）果实为典型的苹果形状，无果梗，粗厚，凹凸不平，外观非常诱人，偶尔个别果实稍微不对称。果实表面光滑，颜色为绿色或墨绿色，成熟时变成黄色。在未成熟时果实被茸毛，之后茸毛脱落。萼相对不深，有褶皱。果皮紧实但很薄很软，果肉紧实，呈奶油色或黄奶油色，多汁，味道甜或酸甜，香气浓郁，稍涩，石细胞不多。果实成熟期一般为 9 月 20 日至 10 月 15 日。

图 4-6　女大学生榅桲

（7）该品种结果快，耐寒，高产。20 年树龄植株单株产量达 60～70kg。果实在冷库中可完好保存到 2 月，皮下斑点不发生。

（8）果实用于加工，可制作蜜饯、果酱、果冻、果糖、果汁等。

4.2.5 卡申柯 18 号（No18 Kaschenko）（图 4-7）

（1）研发者：C. B. 科李湄科，A. И. 捷尔诺娃亚，Л. A. 米海连科。

（2）国家注册证书编号 976。

（3）该品种由 H. Φ. 卡申柯用克里米亚榅桲品种的种子培育出的实生苗选育而得，20 世纪 50 年代 Γ. Π. 路德阔夫斯基做了品种描述。1999 年起收录在乌克兰植物品种名录中。

（4）45 年树龄的母本植株树冠疏展宽大，直径达 20m。树高超过 3m，直径 7～35cm 的树干为 13 个，砧茎皮为蓝黑色，主枝皮为黑褐色，嫩枝为浅褐色。叶片中等大小，呈墨绿色。

图 4-7　卡申柯 18 号

（5）果实大，单果均重 230~250g，最大可达 300~350g，纵径 80cm，横径 90~95cm。果实为苹果形状，从长形到阔椭圆形，果柄周围有梨状凸起。表面光滑或微棱起，果实基部棱起明显。果皮紧实，柠檬黄色，常有红晕。果实茸毛浓密，茸毛易清洗。果肉浅色，酸甜多汁，芳香浓郁，子房室周围几乎无石细胞，可食用。该品种为化学成分最好的类型之一。果核大小适中，近果实尖端呈三角形，且基部为内凹的三角形，种子数量为 30~32 颗。每年结果，为早熟型，果实成熟于 9 月 5 日至 15 日，需及时采摘，因为熟果常凋落。果实成熟期一般为 9 月 10 日至 10 月 10 日。

（6）树龄 45 年的植株，单株产量达 80~120kg，树龄 20 年的为 40~80kg。品种抗寒性强，结果快，3~4 年即可进入结果期，自花不孕。

（7）果实普遍用途：生吃或加工，可制作蜜饯、果酱、果冻、果糖、果汁等。

4.2.6 准备转入品种试验的榅桲品种

4.2.6.1 沙伊达罗娃梨形榅桲（Grushevidnaia Shaidarovoy）（图 4-8）

（1）研发者：C. B. 科李湄科。

（2）该品种的育种史相当长，这是因为初始种材和杂交种材的评价活动进行了 30 多年。实际上，杂交实生苗很早就被认为是极具前景的，问题在于优质实生苗的筛选，主要是具有耐寒特性的实生苗的筛选。1976 年科学院院士 A. M. 格罗津斯基从保加利亚带来了榅桲果实。

（3）树冠高 2.5m，直径达 3.5~4.0m，不稠密，一年枝很强健，叶片大。

（4）果实很大（300 多克），苹果形状，稍有棱起，浅黄色，酸甜口味，果肉不很紧实，内含 37 颗种子。1977 年，研究人员用经过层积贮藏法处理的种子获得了 21 株实生苗。1982—1985 年，形态特征杂合的实生苗结了果实，研究人员精选了 11 株指标各异的实生苗。其中“保加利亚 7 号”最有趣：漂亮的树冠，一年枝壮大，叶片深绿色，苹果形状的果实十分好看，重 200~250g。1986 年该实生苗用玛利亚品种（果实很大）和乌兹别克斯坦芳香榅桲品种（果实梨形，为亮橙色）的花粉混合剂进行授粉。1987 年杂交种播种并获得 7 株实生苗，1993 年结果。其中一株的果实又大又漂亮，梨形，亮橙色，子室不大。该实生苗被称为沙伊达罗娃梨形榅桲。

大果特点为重达 400g，纵径 9.5～10.0cm，横径达 9cm，子室高 2.5cm，宽 2.6cm，每颗果实含成熟种子达 50 颗。果皮坚实油质，果肉致密，成熟时茸毛完全消失。果实香气浓郁，口味酸甜。成熟期为 9 月中旬至 10 月 15～20 日。每年周期结果，树龄 12 年的果树，每株可收获果实 30～40kg。果实在 0～5℃保存完好，皮下不生斑点。

（5）果实用于加工，可制作蜜饯、果酱、果冻、果糖、果汁等。

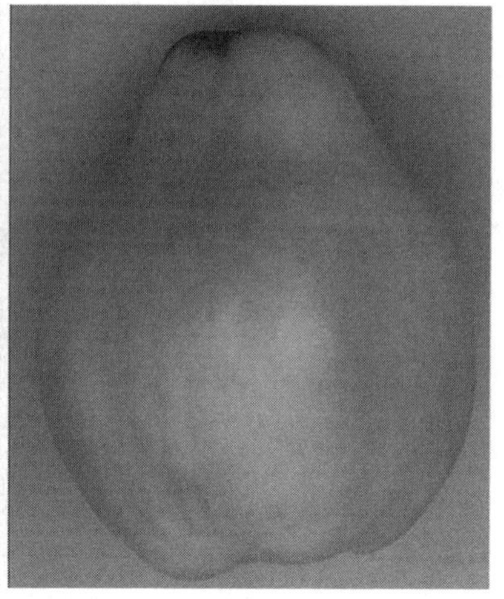

图 4-8　沙伊达罗娃梨形榅桲

4.2.6.2　舒姆斯科梨形榅桲（Grushevidnaia Shumskogo）（图 4-9）

（1）研发者：C. B. 科李湄科。

（2）该品种为园艺爱好者 Л. B. 舒姆斯科在利沃夫州斯特里斯克区普科尼洽村所得。其优质实生苗精选自由乌克兰国家植物园选育品种的种子培育出的实生苗，这些种子是在 20 世纪 70 年代从 C. B. 科李湄科处获得。品种描述由 B. M. 巴托切恩阔（园艺的热衷者和行家）在罗弗诺州拉德维里弗市所做。

（3）果实为梨形，均重 150~200g（收成丰厚无定额）。在肥沃湿润的土壤里最大的果实重 470g。完全成熟的果实非常漂亮。在 2002—2003 年的“黑色冬季”（B. M. 巴托切恩阔如此写道），木质部活跃的情况下，嫩芽发生了严重的冻伤，但植株再生良好并于 2004 年开花。在此之前，树枝末端和木材伤冻只在 1986—1987 年的冬季出现过。苗木继承了果实梨形的特征。舒姆斯科梨形榅桲作为优良的观果品种值得关注。果实成熟期一般为 9 月 15 日至 10 月 10 日。

（4）树龄 10 年的植株产量为 25~35kg。耐寒性强，为早熟品种，3~4 年树龄即结果，自花不育。

（5）果实用于加工，可制作蜜饯、果酱、果冻、果糖、果汁等。

图 4-9　舒姆斯科梨形榅桲

4.2.6.3　基辅芳香榅桲（Kievskaia aromatnaia）（图 4-10）

（1）研发者：C. B. 科李湄科。

该品种于1980年从卡申柯18号的实生苗中分离而来，种子于1970年播种。

（2）树冠为椭圆形或角锥形，侧枝上扬，高达3.5m，直径达5m。枝长、中等粗细，生长期内可增长80~150cm。叶大，深绿色。

（3）果实大，大小统一，漂亮，呈椭圆的梨形，稍微不对称，密被茸毛，香气浓郁宜人，全树果实同时成熟。果柄连接处凹陷，环绕着不对称的瘤状突起。果实均重250~270g，大果重370~400g。果实纵径8.9cm，横径7.5cm。成熟果实颜色为鲜黄色至橙色。果肉黄色，松散多汁，此时基本可食用。新采摘的果实几乎感觉不到涩味，果萼褶皱，子室很小，高1.7cm，宽1.9cm，扁平形状。该品种为早熟品种，果实在9月1~5日成熟，此时果实已经变黄。应同时采摘，否则果实会在树上开裂并发生腐烂。

（4）树龄20年的植株产量为50~60kg。耐寒性强，周期产果。

（5）果实用于加工，可制作蜜饯、果酱、果冻、果糖、果汁等。

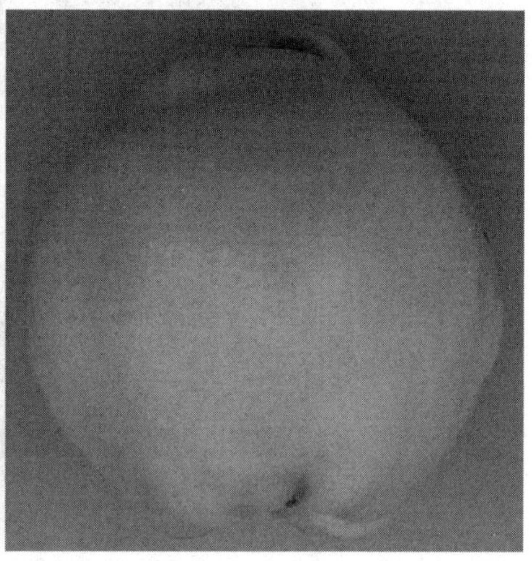

图4-10　基辅芳香榅桲

4.2.6.4 橙色榅桲（4-8-7）［Oranzhevaia（4-8-7）］（图 4-11）

（1）研发者：C. B. 科李湄科。

该品种为 15-17-6（19-15×17-6）的杂交苗木。

（2）树高中等，达 2.5m。树冠宽大疏展，枝条柔韧、下垂，树皮深色。通常经过一年的增长，中等大小的枝具有成熟度良好的木质部和成型的幼芽。树冠中部稀疏，透光良好。树叶不大。

（3）果实为苹果形状，稍有凹凸。果梗周围有瘤突，果梗有梨形隆起。萼洼很小，有棱起。果实均重 150～200g，纵径 6.1～6.7cm，横径 7.2～7.5cm。果实尺寸变化很小。果实颜色鲜艳，呈柠檬色至橙色，常带红晕。成熟时茸毛完全消失。果皮坚实，油质，芳香。果肉黄色，质地致密，油质，口味酸甜，非常可口，此时基本可以食用。果核大小适中，三角形，靠近果实顶端，包裹着一层石细胞。子室闭合，高 2.7cm，宽 2.3cm。种子（46～52 颗）中等大小，成熟好。该品种为早熟品种。果实成熟期在 9 月上旬，非常耐寒，高产。结果无周期性。

图 4-11　橙色榅桲（4-8-7）

（4）树龄20年的植株产量在50~60kg。品种耐寒，自花不育，结果无周期性。

（5）果实用于加工，可制作蜜饯、果酱、果冻、果糖、果汁等。

4.2.6.5 女学生榅桲（Shkolnitsa）（图4-12）

（1）研发者：С. В. 科李湄科，А. И. 捷尔诺娃亚。

（2）该品种于1980年从科学院榅桲品种的实生苗分离出来，种子于1975年播种。

（3）树形不大，高达2.8~3.0m，树冠匀称挺拔，主枝上扬紧凑。砧茎为黑灰色，主枝黑色。叶片大小适中，形状和大小可能存在变化。

（4）果实中等大小，苹果形状，果梗连接处有浅褐色凸起的瘤状物（加工时最少的废料）。整个水果刚好可按稍明显的凹洼分割成块。果实纵径7.7cm，横径6.7cm。颜色鲜艳，柠檬黄色。果肉黄色，致密，多汁，口味宜人，此时基本食用，香气浓郁。子室高2.0cm，宽3.5cm。果实不生皮下斑点，保存良好。种子不多，为32~35颗。

图4-12　女学生榅桲

（5）树龄20年的植株产量为50~60kg。品种耐寒，自花不育，无产果周期。品种成熟期早，为9月初至9月10~15日。

（6）果实用于加工，可制作蜜饯、果酱、果冻、果糖、果汁等。

4.2.6.6 卡申柯8号（No8 Kaschenko）（图4-13）

（1）研发者：С. В. 科李湄科，А. И. 捷尔诺娃亚。

（2）该品种是卡申柯从克里米亚品种的种子获得的实生苗中分离出来的。

（3）树高达3.5m。树冠紧凑，主枝上扬，为黑灰色。

（4）果实形状独特，与众不同，为圆扁的苹果形。果面有几条（2~3）棱，基部有不大的瘤突。果实可分成几瓣。果梗周围棱起平滑圆润，果梗连接处稍不对称，偶有浅洼。果实均重200~220g，最大重380~400g，纵径5.5~6.0cm，横径7.0~7.5cm。果皮薄厚适中，呈鲜艳的柠檬黄色，成熟果实着色漂亮，几乎无茸毛。果肉多汁鲜嫩，口味酸甜，质地致密且香气浓郁。子室周围有一层不大的石细胞。果核鳞茎状，不大，靠近果实顶端。子室不大，宽1.5cm，半开放，种子为14~24颗。果实成熟期为9月8日至25日。为早熟品种之一，高产，结果有周期性。

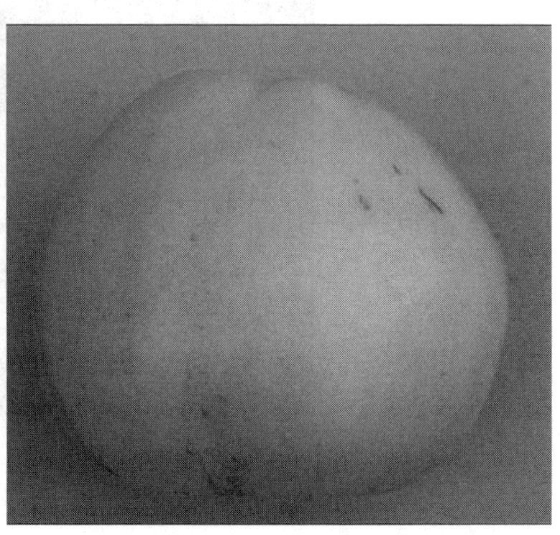

图4-13 卡申柯8号

（5）20年树龄单株产量为60~85kg，45年树龄单株产量为90~110kg。

（6）果实用于加工，可制作蜜饯、果酱、果冻、果糖、果汁等。

4.3 猕猴桃

4.3.1 唐璜猕猴桃（Don-Juan）（图4-14）

（1）研发者：Н. В. 斯科里普琴科，П. А. 马洛斯，М. И. 库利奇茨卡亚。

（2）注册证书编号08230。

（3）该授粉品种通过精选九月猕猴桃与紫果猕猴桃的杂交实生苗而得。2008年起收录在乌克兰植物品种名录中。

图4-14 唐璜猕猴桃

（4）母本植株为根深叶茂的乔化藤本植物，一年枝灰褐色，带有杂乱分散的浅色皮孔。单叶，完整，有柄，长圆形或阔椭圆形，边缘小齿状，顶端突尖，基部圆形或浅心形。叶片致密，平滑，深绿色，背面颜色较浅。叶柄奶油色，长 50~70mm。

（5）该品种开花繁多。花朵为五瓣，雄花呈白绿色，与功能性雌花（直径 15~18mm）相比小巧得多，每 5~7 朵聚生于花序。雄蕊位于长长的花丝上，花药深灰色。与雌性植株相比，雄花开花早 2~3 天，结束也晚几天，正逢 5 月末至 6 月初。花期取决于天气条件，可持续 10~18 天。花粉品质较高。该品种是软枣猕猴桃、紫果猕猴桃及其品种和杂交种的优质授粉品种。

4.3.2 扎加德科娃（Zagadkova）（图 4-15）

（1）研发者：H. B. 斯科里普琴科，P. Ф. 克列耶娃，П. A. 马洛斯。

（2）注册证书编号 1339。

（3）该品种于 1996 年通过精选 9 月猕猴桃与紫果猕猴桃的杂交实生苗而得。2001 年起收录在乌克兰植物品种名录中。

（4）母本植物为繁茂的树状藤本植物，枝为灰褐色，带有杂乱分散的浅色皮孔。单叶，完整，有柄，长圆形或阔椭圆形，边缘小齿状，顶端突尖，基部圆形或浅心形。叶片致密，平滑，深绿色，背面颜色较浅，叶柄为浅奶油色。

（5）果实为宽圆形棕绿色浆果，表面有深紫色色素沉着。果实基部为宽圆形，有微弱凹坑，顶端圆润有短喙，残存干枯的雌蕊。果实表面平滑，无光泽，有皮革状浅褐色凸纹。果皮鲜绿色，有模糊的绯红色色素沉着。果肉为浅棕绿色，带有紫色纹理，味道宜人。果心奶油绿色，子室浅粉色。果实纵径 27mm，横径 26mm，均重 9~11g。果梗粗，长 25~28mm。基辅条件下果实成熟于 9 月中旬，成熟不落果。

（6）果实干物质含量达 15.8%，糖含量 7.9%，有机酸含量 0.65%，胡萝卜素含量为 1.02mg/100g，抗坏血酸含量为 865.5~950.5mg/100g。

图 4-15 扎加德科娃

4.3.3 高产型卡拉瓦耶沃猕猴桃（Karavaievskaya urozhainaya）（图 4-16）

（1）研发者：И. М. 沙伊坦，Р. Ф. 克列耶娃，А. Ф. 科李湄科。

（2）注册证书编号 1344。

（3）该品种于 1992 年通过精选紫色花园猕猴桃与软枣猕猴桃的杂交实生苗而得。2001 年起收录在乌克兰植物品种名录中。

（4）母本植株为繁茂的树状藤本植物，枝为灰褐色，带有大量杂乱分散的浅色皮孔。单叶，完整，有柄，长圆形或宽椭圆形，边缘小齿状，顶端突尖，基部圆形或浅心形。叶片致密，平滑，深绿色，背面颜色较浅。花朵五瓣，功能性雌花为两性花，花瓣白绿色，三朵聚生。花朵直径为 27mm。

（5）果实为长卵形，褐紫色。果实基部圆润带有微弱凹坑，顶端有短喙和雌蕊残存。果皮为浅紫色，有浅色皮孔，果肉浅紫色，味甜宜人，果心鲜红色。果实纵径 25mm，横径 18mm，果实均重 5~6g，果梗长 20~22mm。基辅条件下果实成熟于 9 月末或 10 月初，成熟时不落果。果实干物质含量达 15.8%，糖含量为 9.5%，有机酸含量为 0.72%，胡萝卜素含量为 1.6mg/100g，抗坏血酸含量为 52.0~86.5mg/100g。

图 4-16 高产型卡拉瓦耶沃猕猴桃

4.3.4 基辅杂交猕猴桃（Kievskaya gibridnaya）（图 4-17）

（1）研发者：И. М. 沙伊坦，Р. Ф. 克列耶娃，А. Ф. 科李湄科。

（2）注册证书编号 92。

（3）该品种于 1977 年通过软枣猕猴桃与紫果猕猴桃杂交而得。1992 年起收录在乌克兰植物品种名录中。

（4）母本植物为繁茂的乔化树状藤本植物，枝为灰色，带有杂乱分散的短线状浅色皮孔。单叶，完整，有柄，长圆形或宽椭圆形，边缘小齿状，顶端突尖，基部圆形或浅心形。叶片致密，平滑，深绿色，背面颜色较浅，叶柄奶油色，带有不明显的花青素色。花朵五瓣，功能性雌花为两性花，花瓣为白绿色，单生或 2~3 朵聚生。花朵直径 20mm。子房大，呈烧瓶形状，花药灰色。

（5）果实大，椭圆至卵形，有些许棱起，绿色，有明显的紫色红晕和浅褐色皮革状凸纹。果实纵径 28mm，横径 25mm，平均重 8~10g。果梗长 15~20mm，直径 0. 2mm。果实基部钝圆形，有紫色纹理，子室为鲜艳的深红色。种子粒大，褐色。基辅条件下果实成熟于 9 月末至 10 月上旬，成熟时不落果。果实干物质含量达含量为 16. 9%，糖含量为 7. 1%，有机酸含量为 0.76%，胡萝卜素含量为 0.48mg/100g，抗坏血酸含量为 90.6～120.5mg/100g。

图 4-17 基辅杂交猕猴桃

4.3.5 基辅大果猕猴桃（Kievskaya krupnoplodnaya）（图 4-18）

（1）研发者：И. М. 沙伊坦，Р. Ф. 克列耶娃，А. Ф. 科李湄科。

（2）注册证书编号 93。

（3）该品种于 1981 年通过精选软枣猕猴桃与紫果猕猴桃杂交种的实生苗而得。1992 年起收录在乌克兰植物品种名录中。

（4）母本植物为繁茂的乔化藤本植物，枝为灰色，带有大量浅色皮孔。单叶，叶型完整，长条形或宽椭圆形，边缘小齿状，顶端突尖，基部圆形或浅心形。叶片致密，平滑，深绿色，背面颜色较浅，叶柄奶油色，带有不明显的花青素色。功能性雌花单生，花瓣白绿色，子房大，呈烧瓶形状，雄蕊有灰色花药。花朵直径 27mm。

（5）果实宽扁椭圆形。果实纵径 35mm，横径 30mm，均重 17～19g，最大达 30g。果实基部钝圆形，有宽大的漏斗形凹洼，顶端宽圆，带有几乎扁平的短喙，残存干枯的雌蕊。果实深绿色，果皮薄，透明，果肉多汁，口味酸甜适中，有宜人的菠萝香气。果心奶油绿色，带轻微粉色。果梗长30~35mm。种子粒大，褐色。基辅条件下果实成熟于9月下旬，成熟时不落果。

（6）果实干物质含量达14.9%，糖含量为7.7%，有机酸含量为0.65%，胡萝卜素含量为0.53mg/100g，抗坏血酸含量为56.9~100.5mg/100g。

图4-18 基辅大果猕猴桃

4.3.6 拉苏卡猕猴桃（Lasunka）（图4-19）

（1）研发者：Н. В. 斯科里普琴科，П. А. 马洛斯，М. И. 库利奇茨卡亚。

（2）注册证书编号06220。

（3）该品种于2004年通过精选9月猕猴桃与紫果猕猴桃杂交种的实生苗而得。2006年起收录在乌克兰植物品种名录中。

（4）母本植物为繁茂的藤本植物，枝为灰色，有大量杂乱分散的浅色皮孔。单叶，完整，有柄，长圆形或宽椭圆形，边缘小齿状，顶端突尖，基部圆形或浅心形。叶片致密，平滑，深绿色，下面颜色较浅。花朵五瓣，功能性雌花为两性花，花瓣白绿色，主要每 3 朵聚生。

（5）果实长圆锥形，绿色，带有不明显的花青素色素沉着和浅色纵向线条。果实顶端圆形，有少量雌蕊残存，基部圆形，无凹洼。果肉绿褐色，鲜嫩味甜。果芯奶油色带白黄色纹理，子室鲜红色。果实纵径 32mm，横径 21mm，均重 8~9g。果梗长 30mm。果实成熟于 9 月末至 10 月上旬，成熟时不落果，但很容易离柄。

（6）果实干物质含量达 17.5%，糖含量为 8.9%，有机酸含量为 0.7%，胡萝卜素含量为 0.39mg/100g，抗坏血酸含量为 74.8~101.0mg/100g。

图 4-19　拉苏卡猕猴桃

4.3.7　纳迪亚猕猴桃（Nadiya）（图 4-20）

（1）研发者：H. B. 斯科里普琴科，P. Φ. 克列耶娃，П. A. 马洛斯。

（2）注册证书编号 1338。

（3）该品种于 1998 年通过精选紫色花园猕猴桃与软枣猕猴桃杂交种的实生苗而得。2001 年起收录在乌克兰植物品种名录中。

（4）母本植物为大型乔化树状藤本植物，一年枝为灰褐色，有大量浅色杂乱分散的皮孔。单叶，完整，有柄，长圆形，宽椭圆形，边缘为小齿状，顶端突尖，基部圆形或浅心形。叶片致密，平滑，深绿色，叶柄浅奶油色。花朵五瓣，功能性雌花为两性花，花瓣白绿色，花朵直径达25mm。单生或每2~3朵聚生。

（5）果实非常好看，个大，有浓紫色和灰蓝色挂霜。果实长圆柱形，纵径35mm，横径22mm。果实基部圆形，无凹陷，顶端圆形，雌蕊柱头有残存。果实均重9~10g。果肉多汁，深紫色，口味稍淡，有微弱的特殊香气，果心亮紫色。果梗长25~35mm。果实成熟于9月末至10月上旬，成熟时不落果。

（6）果实干物质含量达14.2%，糖含量为7.0%，有机酸含量为0.66%，胡萝卜素含量为1.4mg/100g，抗坏血酸含量为63.3~115.0mg/100g。

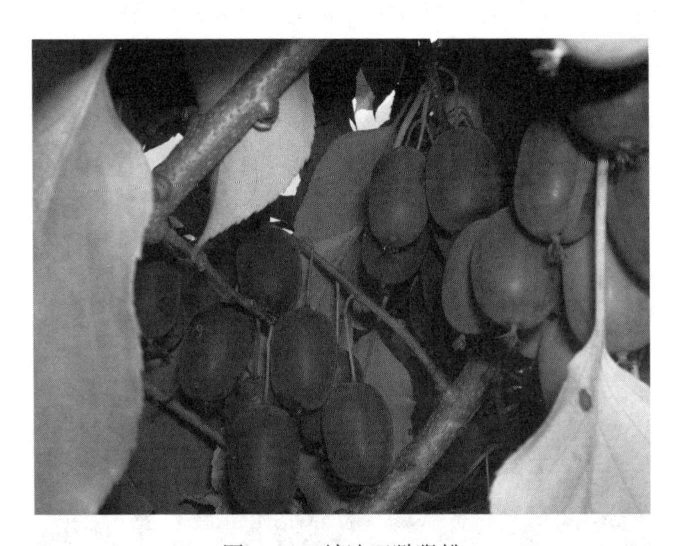

图4-20　纳迪亚猕猴桃

4.3.8　奇异猕猴桃（Originalnaya）（图4-21）

（1）研发者：И. М. 沙伊坦，Р. Ф. 克列耶娃，А. Ф. 科李湄科。

（2）注册证书编号1343。

（3）该品种于1991年通过精选9月猕猴桃与紫果猕猴桃杂交种的实生苗而得。2001年起收录在乌克兰植物品种名录中。

（4）母本植物为结实的树状藤本植物，枝为灰褐色，带有大量浅色杂乱分散的皮孔。单叶，完整，有柄，长圆形，宽椭圆形，边缘小齿状，顶端突尖，基部圆形或浅心形。叶片致密，平滑，深绿色，背面颜色更浅，叶柄奶油色，长 70~80mm。花朵五瓣，功能性雌花为两性花，花瓣白绿色，每 3 朵聚生，花朵直径达 28mm。

（5）果实个大，长圆柱形，基部圆形，带有干枯的萼片残存，顶端圆形，有短喙和雌蕊残存。果实为橄榄绿色，表皮平滑无光泽，显露子室的纵向条纹。果肉棕绿色，柔嫩，口味酸甜，有淡香。果心奶油粉色，有白色纹理。果实纵径 33mm，横径 22mm，均重 9~11g。果梗长 25~30mm。基辅条件下果实成熟于 9 月中旬，成熟时不落果。

（6）果实干物质含量达 15.1%，糖含量为 7.8%，有机酸含量为 0.6%，胡萝卜素含量为 1.21mg/100g，抗坏血酸含量为 88.5~116.8mg/100g。

图 4-21　奇异猕猴桃

4.3.9　萨杜佩里娜猕猴桃（Perlyna sadu）（图 4-22）

（1）研发者：H. B. 斯科里普琴科，P. Φ. 克列耶娃，Π. A. 马洛斯。

（2）注册证书编号 1337。

（3）该品种于 1996 年通过精选紫色花园猕猴桃与软枣猕猴桃杂交种的实生苗而得。2001 年起收录在乌克兰植物品种名录中。

（4）该品种为茂盛的乔化木质藤本植物，枝为灰色，有大量杂乱分散的浅色皮孔。单叶，完整，有柄，长圆形或宽椭圆形，边缘小齿状，顶端突尖，基部圆形或浅心形。叶片致密，平滑，深绿色，背面颜色更浅，叶柄奶油色，长 50~70mm。花朵五瓣，功能性雌花为两性花，花瓣白绿色，单生或每 2、3、5、7 朵聚生。

（5）果实深绿色，椭圆形至卵形，纵径 24. 9mm，横径 19. 5mm。基部圆形，有不明显的漏斗形凹洼。顶端圆形，有短喙，有干枯的雌蕊残存。果皮平滑，纤薄透明，可见子室条纹。果肉鲜嫩，多汁，微微可见紫色，果心奶油绿色。果实口味酸甜，有苹果香。均重 5~7g，果梗长 20mm。该品种为超早熟品种，成熟期为 8 月下旬。果实易离梗，完全成熟时部分落果。

图 4-22　萨杜佩里娜猕猴桃

（6）果实干物质含量达 16.8%，糖含量为 9.6%，有机酸含量为 0.56%，胡萝卜素含量为 0.4mg/100g，抗坏血酸含量为 60.8～75.5mg/100g。

4.3.10 保玛兰切娃猕猴桃（Pomaranchevaya）（图 4-23）

（1）研发者：H. B. 斯科里普琴科，П. A. 马洛斯，M. И. 库利奇茨卡亚。

（2）注册证书编号 06221。

（3）该品种于 2004 年从葛枣猕猴桃/Ziebold ex Zucc. /Maxim 自由授粉的实生苗中选择而得。2006 年起收录在乌克兰植物品种名录中。

（4）母本植物为树状藤本植物，枝为橄榄褐色，杂乱分散着浅色的圆形皮孔。单叶，有柄，浅绿色，阔卵形，叶脉被茸毛。长 120～130mm，宽 85～95mm，叶柄短，粗糙，浅绿色，长 40～60mm。叶片变色的现象是该植物的特色，部分叶片在开花期会变成灰白色。花朵五瓣，功能性雌花为两性花，个大，直径达 30mm，花瓣白绿色，花药黄色，有淡香。单生或每 3 朵聚生。

图 4-23 保玛兰切娃猕猴桃

（5）果实为橙色，长圆柱形。果实纵径 35mm，横径 16mm，均重 6~7g。果实基部钝而短缩，有粗糙的萼片残存，顶端有突尖的扁喙和雌蕊柱头残存。果肉鲜嫩，橙色，味如甜椒，果心亮橙色。果皮纤薄透明，透出浅色的子室纹路。果梗短达 10mm，但直径也可达 2mm，在某种程度上使果实采收过程变得复杂化。果实成熟于 9 月上旬，成熟时不落果。

（6）果实干物质含量达 17.1%，糖含量为 10.0%，有机酸含量为 0.5%，胡萝卜素含量为 1.7mg/100g，抗坏血酸含量为 100.4~168.0mg/100g。

4.3.11 紫色萨多瓦猕猴桃（Purpurnaya sadovaya）（图 4-24）

（1）研发者：И. М. 沙伊坦，Р. Ф. 克列耶娃，А. Ф. 科李湄科。

（2）注册证书编号 91。

（3）该品种是由紫果猕猴桃的实生苗选育出的品种，育苗的种子是 1958 年从中国北京植物园引进的。2006 年起收录在乌克兰植物品种名录中。

（4）该品种为繁茂乔化藤本植物，枝为红褐色，杂乱分布着浅褐色的皮孔。单叶，完整，有柄，长圆形或宽椭圆形，边缘小齿状，顶端突尖，基部圆形或浅心形。叶片致密，平滑，深绿色，背面颜色较浅，叶柄为奶油绿带有花青素色。花朵五瓣，功能性雌花为两性花，花瓣白绿色，单生或每 3 朵聚生。直径 24mm，雄蕊黑色，子房大烧瓶状。

（5）果实长圆柱形，深粉紫色。果实纵径 34mm，横径 23mm，均重 8.5~11.0g。果肉粉色，鲜嫩，味道鲜甜，几乎无香气。种子粒大，褐色。果心颜色比果肉浅，为亮紫色。果梗细，长达 15mm，果实与果梗易分离，成熟后不落果。基辅条件下成熟于 9 月下旬至 10 月初。果实在冷库可完好保存 4~6 周。

（6）果实干物质含量达 13.7%，糖含量为 8.45%，有机酸含量为 0.6%，胡萝卜素含量为 0.84mg/100g，抗坏血酸含量为 70.9~120.5mg/100g。

图 4-24 紫色萨多瓦猕猴桃

4.3.12 丽玛猕猴桃（Rima）（图 4-25）

（1）研发者：Р. Ф. 克列耶娃，И. М. 沙伊坦，Н. В. 斯科里普琴科。

（2）注册证书编号 1336。

（3）该品种是 1996 年从九月猕猴桃与紫果猕猴桃的杂交实生苗中精选出的品种。2001 年起收录在乌克兰植物品种名录中。

（4）母本植株为乔化树状藤本植物，枝为灰色，有大量杂乱分布的浅色皮孔。单叶，完整，有柄，长圆形或宽椭圆形，边缘小齿状，顶端突尖，基部圆形或浅心形。叶片致密，平滑，深绿色，背面颜色较浅，叶柄奶油色，长 50~70mm。花朵五瓣，功能性雌花为两性花，花瓣白绿色，基本上每 3 朵聚生。花朵直径 18mm。

（5）果实长卵形，橄榄绿色，有大量微小的皮下点。果实底部为圆形，有不大的凹洼，顶端圆形，有雌蕊残存。果实纵径 26mm，横径 21mm，均重 6~8g，果梗长 20~30mm。果肉褐绿色，多汁，口感酸甜，有菠萝香味。果心奶油绿色，果皮褐色。基辅条件下成熟于 9 月中旬，成熟后不落果。

（6）果实干物质含量达 14.4%，糖含量为 11.3%，有机酸含量为 0.5%，胡萝卜素含量为 0.74mg/100g，抗坏血酸含量为 60.1~86.0mg/100g。

图 4-25 丽玛猕猴桃

4.3.13 红宝石猕猴桃（Rubinovaya）（图 4-26）

（1）研发者：И. М. 沙伊坦，Р. Ф. 克列耶娃，А. Ф. 科李湄科。

（2）注册证书编号 1342。

（3）该品种是 1992 年从紫色花园猕猴桃与软枣猕猴桃的杂交实生苗中精选而得。2001 年起收录在乌克兰植物品种名录中。

（4）母本植株为牢固的树状藤本植物，一年枝为灰褐色，有大量杂乱分散的浅色皮孔。单叶，完整，有柄，长圆形或宽椭圆形，边缘小齿状，顶端突尖，基部圆形或浅心形。叶片致密，平滑，深绿色，背面颜色较浅。花朵五瓣，功能性雌花为两性花，花瓣白绿色，基本上每 3～5 朵聚生。花朵直径 18mm。

（5）果实长圆锥形，紫色。果实基部圆形，有浅洼，顶端圆形，有雌蕊残存。果皮深紫色，果肉褐红色，口味酸甜，果心奶油粉色。果实纵径 29mm，横径 18mm，均重 5.5～7g。果梗长 28～30mm。基辅条件下成熟于 9 月中旬，成熟后不落果。

（6）果实干物质含量达 14.24%，糖含量为 9.2%，有机酸含量为 0.5%，胡萝卜素含量为 1.1mg/100g，抗坏血酸含量为 61.0～83.6mg/100g。

图 4-26　红宝石猕猴桃

4. 3. 14　九月猕猴桃（Sentiabrskaya）（图 4-27）

（1）研发者：И. М. 沙伊坦，Р. Ф. 克列耶娃，А. Ф. 科李湄科。

（2）注册证书编号 90。

（3）该品种从葛软枣猕猴桃/Ziebold ex Zucc. /Planch. ex Miq. 的实生苗中精选而得，育苗的种子于 1958 年从中国北京植物园引进。1992 年起收录在乌克兰植物品种名录中。

（4）该品种为繁茂的乔化藤本植物，一年枝浅灰色，有大量杂乱分布的浅色皮孔。单叶，完整，有柄，长圆形或宽椭圆形，边缘小齿状，顶端突尖，基部圆形或浅心形。叶片致密，平滑，深绿色，背面颜色较浅，叶柄奶油绿色。花朵五瓣，功能性雌花为两性花，朵大，直径达 30mm，单生或每 2~3 朵聚生，花瓣白绿色。子房大，球形，花药灰色。

（5）果实圆形或椭圆形，深绿色，纵径 27mm，横径 24mm。均重 7～8g，果皮在成熟期为黄绿色，果肉为鲜绿色，多汁，口味酸甜，有独特的菠萝香味。果心奶油绿色带白色条纹。果梗强壮，长 17～23mm。果实基部为宽圆形，有轻微的漏斗形凹洼，顶端圆形，有短喙，有干枯的雌蕊残存。基辅条件下果实成熟于 9 月上旬，成熟时不落果。

（6）果实干物质含量达 16.5%，糖含量为 7.1%，有机酸（柠檬酸）含量为 0.5%，胡萝卜素含量为 0.4mg/100g，抗坏血酸含量为 51.0～82.5mg/100g。

图 4-27　九月猕猴桃

4.3.15　菲谷娜猕猴桃（Figurnaya）（图 4-28）

（1）研发者：И. М. 沙伊坦，Р. Ф. 克列耶娃，А. Ф. 科李湄科。

（2）注册证书编号 90。

（3）该品种于 1981 年从软枣猕猴桃与紫果猕猴桃的杂交实生苗中选育而来。1992 年起收录在乌克兰植物品种名录中。

（4）母本植株为大型乔化藤本植物，枝为灰色，有大量杂乱分布的浅色皮孔。单叶，完整，有柄，长圆形或宽卵圆形，边缘小齿状，顶端突尖，基部圆形或浅心形。叶片致密，平滑，深绿色，背面颜色较浅，叶柄奶油色，长达 100mm。花朵五瓣，功能性雌花为两性花，花瓣白绿色，单生或每 2~3 朵聚生，直径达 30mm。子房大，烧瓶形状，花药灰色。

（5）果实为独特的圆锥形。果实基部圆形，有轻微的漏斗形凹洼，顶端有突尖的扁喙和干枯的缨状雌蕊残存。果实橄榄绿色，果肉浅绿色，多汁鲜嫩，有枣香，口味甜腻。果心奶油粉色，果皮透明，黄绿色，透过果皮可见子室。果实纵径 26mm，横径 21mm，均重 5 ~ 8g。果梗长 25 ~ 35mm。基辅条件下果实成熟于 9 月初，可在枝上保存至初霜来临。

（6）果实干物质含量达 17.2%，糖含量为 10.3%，有机酸含量为 0.37%，胡萝卜素含量为 0.6mg/100g，抗坏血酸含量为 51.4~85.0mg/100g。

图 4-28　菲谷娜猕猴桃

4.3.16　准备转入品种试验的猕猴桃品种

4.3.16.1　美人猕猴桃（Krasunia）（图 4-29）

（1）研发者：H. B. 斯科里普琴科，B. П. 科尼什。

(2) 该类型是2006年用俄罗斯远东地区考察期间收集的种子培育出的软枣猕猴桃的实生苗选育而得，为繁茂乔化藤本植物，一年枝为灰色，带浅色皮孔。叶大，圆形或椭圆形，顶端突尖，边缘锯齿状。叶面平滑，深绿色。叶柄长5~7cm，带有轻微花青素色。功能性雌花白色，五瓣，直径2.6cm，子房大，似烧瓶形状。

(3) 果实扁圆形，宝石绿色，纵径26mm，横径29mm，均重13~14g。果实基部有浅洼，顶端为宽圆形，有雌蕊柱头残存。果皮色浅，果肉浅绿色，鲜嫩酸甜，有淡香，果心奶油白色。果梗长3cm，但完全成熟时果实部分落果。基辅条件下果实成熟于9月中旬。

(4) 果实干物质含量达15.1%，糖含量为7.35%，有机酸含量为0.39%，胡萝卜素含量为0.58mg/100g，抗坏血酸含量为66.0~79.4mg/100g。

图4-29 美人猕猴桃

4.3.16.2 斯马拉多娃猕猴桃（Smaragdova）（图4-30）

(1) 研发者：H. B. 斯科里普琴科。

(2) 该类型于2007年精选自九月猕猴桃与顿-若昂猕猴桃的实生苗。

(3) 母本植株为繁茂乔化藤本植物，一年枝灰褐色，有大量杂乱分布的浅色皮孔。叶大小适中，长椭圆形，深绿色，叶面平滑，边缘锯齿状，顶端突尖。功能性雌花直径达 2. 0cm，花瓣白绿色。

（4）果实大，长圆柱形，纵径 36. 2mm，横径 22. 5mm，均重 10~11g。果实顶端具短喙，有雌蕊残存。果梗长 2. 5cm。果实碧绿色，果肉绿色，鲜嫩，口味酸甜，有淡香，果心鲜红色带条纹。基辅条件下果实成熟于 9 月初至 9 月中旬，成熟时不落果。

（5）果实干物质含量达 15. 8%，糖含量为 9. 2%，有机酸含量为 0. 45%，胡萝卜素含量为 0. 49mg/100g，抗坏血酸含量为 73. 9~86mg/100g。

图 4-30　斯马拉多娃猕猴桃

4. 3. 16. 3　尤维莱依娜猕猴桃（Juvileyna）（图 4-31）

（1）研发者：H. B. 斯科里普琴科。

（2）该类型于 2003 年从基辅大果猕猴桃与（紫色花园猕猴桃×软枣猕猴桃）的杂交实生苗精选而得。

（3）母本植株为繁茂乔化木质藤本植物，一年枝灰褐色，有大量杂乱分布的浅色皮孔。叶片大小适中，长椭圆形，深绿色，表面平滑，边缘锯齿状，顶端突尖。功能性雌花直径 2.0cm，花瓣白绿色。

（4）果实中长，椭圆锥形，纵径 36mm，横径 26mm，均重 14~15g，紫色带灰蓝色霜层。果实基部圆形，无凹洼，顶端圆形，有柱头残存。果梗长 2~2.5cm。果肉绿色，多汁，酸甜可口，果皮深紫色。果心奶油色带红色纹理。种子深褐色，单果重可达 200g。果实成熟于 9 月中旬，成熟时不落果。

（5）果实干物质含量达 15.9%，糖含量为 10.54%，有机酸含量为 0.47%，胡萝卜素含量为 0.71mg/100g，抗坏血酸含量为 48.7~58.8mg/100g。

图 4-31　尤维莱依娜猕猴桃

4.3.17　部分猕猴桃品种的果树栽培学特性和果实生物化学组成速查（表 4-1、表 4-2）

表 4-1　乌克兰格里什科国家植物园育种的猕猴桃品种的果树栽培学特性

品种名称	起源	果实			产量/（kg/株）	果实成熟期
		均重/g	纵径/cm	横径/cm		
紫色花园	紫果猕猴桃	8~11	3.47	2.27	20~35	晚
九月	软枣猕猴桃	7~8	2.73	2.42	9~12	中
美人	软枣猕猴桃	13~14	2.57	2.94	9~12	中

续表

品种名称	起源	果实			产量/(kg/株)	果实成熟期
		均重/g	纵径/cm	横径/cm		
基辅杂交	软枣猕猴桃×紫果猕猴桃	8~10	2.83	2.44	10~18	中
基辅大果		17~19	3.52	3.02	20~25	中
特形		5~8	2.66	2.18	20~25	早
丽玛	九月猕猴桃×紫果猕猴桃	6~8	2.59	2.12	15~20	中晚
神秘		9~11	2.71	2.65	15~20	中
奇异		9~11	3.26	2.26	15~20	中晚
顿-若昂		授粉品种	—	—	—	—
甜食		8.5	3.19	2.11	10~11	早
卡拉瓦耶沃高产	紫色花园猕猴桃×软枣猕猴桃	5~6	2.54	1.81	10~12	中晚
纳迪亚		9~10	3.52	2.2	15~20	中
红宝石		5~7	2.99	1.86	10~13	中
佩莉娜花园		5~7	2.49	2.24	12~15	早
尤维莱依娜	基辅大果猕猴桃(紫色花园猕猴桃×软枣猕猴桃)	14~15	3.6	2.5	12~15	早
斯马拉多娃	九月猕猴桃×顿-若昂猕猴桃	10~11	3.2	1.9	12~15	早
橘子	葛枣猕猴桃	5.5	3.55	1.68	3~5	早

表 4-2 乌克兰格里什科国家植物园育种的猕猴桃果实的生物化学组成

品种/名称	干物质/%	糖/%	酸/%	胡萝卜素/(mg/100g)	抗坏血酸/(mg/100g)
神秘	15.78	7.98	0.65	1.02	91.49
美人	15.1	7.35	0.39	0.58	71.45
基辅大果	14.9	7.63	0.65	0.53	86.84
基辅杂交	17.0	7.07	0.76	0.48	120.25
卡拉瓦耶沃高产	15.8	9.45	0.72	1.59	70.4
甜食	17.5	8.96	0.69	0.39	81.29
纳迪亚	14.24	7.2	0.66	1.4	78.95
奇异	15.14	7.86	0.62	1.21	102.67

续表

品种/名称	干物质/%	糖/%	酸/%	胡萝卜素/(mg/100g)	抗坏血酸/(mg/100g)
佩莉娜花园	16.8	9.65	0.56	0.42	65.85
紫色花园	13.66	8.45	0.62	0.84	91.94
橘子	16.97	10.04	0.48	1.65	121.14
红宝石	14.2	9.27	0.49	1.04	67.2
丽玛	14.4	11.31	0.49	0.74	73.04
就业	16.52	7.06	0.45	0.39	54.27
斯马拉多娃	15.8	9.2	0.45	0.49	73.92
特形	17.2	10.03	0.37	0.56	66.15
尤维莱依娜	15.93	10.54	0.47	0.71	48.69

4.4 葡萄

基辅黄金葡萄（Kievskiy zolotistyi）（图 4-32）

（1）研发者：И. М. 沙伊坦，Р. Ф. 克列耶娃。

（2）注册证书编号 3581。

（3）源自伊尔沙伊·奥利维尔与马列格尔早熟×林阳的杂交品种。1983 年在第聂伯罗彼得罗夫斯克州划定种植区域。1983 年起收录在乌克兰植物品种名录中。

（4）幼枝顶端和初生叶为浅绿色，无茸毛。一年成熟枝为褐色。叶大或中等，单叶五裂，深裂。前裂刻线中等深度，张开，开缝窄小，凹角状，后裂刻线浅，凹角状或没有。梗洼张开，竖琴状。尾端锯齿三角形，大而尖。叶缘锯齿锐三角形，不大。叶片下面无茸毛。花朵雌雄同体。果穗中等大小，呈锥形，松紧适中。穗重 192g。果粒中等大小，圆形至椭圆形，金黄色，有微弱挂霜。果皮薄而韧，肉厚多汁，味美带麝香味。果中有 2~3 颗不大的种子。

（5）果实成熟很早，几乎与萨巴岛珍珠品种的果实同时。灌木植株长势旺。枝条熟化好。自展芽初期至完全成熟需 104～110 天。结实枝占 50%，早熟枝上果穗的平均数量为 0.7，结实枝为 1.4。

该葡萄品种果实快要腐败时比较稳定，果实不碎裂。霉病发生为中度。耐寒性中等。该品种的栽培需以土覆盖过冬。植株为扇形矮杆灌木。修剪时每个结实枝上保留 7～9 个芽眼。

（6）该品种为典型的可食用品种。果汁含糖度为 18.6g/100mL，酸度为 7～8g/L。品尝评价为 7.6 分，为鲜食葡萄。

（7）该品种作为早熟、高产、果实味质高的品种被推荐用于工业果园和业余果园。

图 4-32　基辅黄金葡萄

4.5　荚蒾

基辅花园 1 号（Kievskaja sadovaja No1）（图 4-33）

（1）研发者：И. М. 沙伊坦，Р. Ф. 克列耶娃。

（2）该品种于 1960 年精选自个别荚蒾类型的实生苗。

(3) 灌木，高达1.5~4.0m，树皮灰褐色，枝绿色。叶大，对生，有柄，叶片三裂，边缘齿状。叶片上面为绿色，背面为暗绿色。花朵白色，气味芳香，聚生于伞房花序的顶端。花朵分两类：个小的两性花居中，雪白花冠的不结果，花个大，处于外围。花开在5月初，不结果花比结果花提早3~5d凋谢。

(4) 果实多汁，红色圆形核果，果肉红色，果核扁大。伞房花序直径为100~110mm，一个伞房花序结果110~128个。一个花序的果实总重为80~120g。

(5) 果实于9月末成熟。品种为半甜型，果实含糖8.14%~8.70%，酸2.15%~2.20%，鞣质6.93%，维生素C含量为19.5~26.51mg/100g。

(6) 荚蒾被广泛用作水果、药物和观赏植物。果实生食和加工均有益。在民间医学中除了果实，植物的营养器官也被广泛使用。

图4-33 基辅花园1号

4.6 山茱萸

在乌克兰植物品种名录中，收录了14个乌克兰国家科学院H.H.格里什科国家植物园育种的山茱萸品种（表 4-3）。

表 4-3　乌克兰植物品种名录中山茱萸不同品种的特性

品种	果实均重/g	果核占果重百分比/%	平均产量		成熟期/（日、月）	果实的生化成分					
			单株产量/kg	公担/公顷		干物质/%	糖分/%	维生素 C/（mg/100g）	有机酸/%	花青素/（mg/100g）	
										果皮	果肉
巴比伦人	6.5	10.1	28.0	112.0	05.08~15.08	22.7	7.0	101.0	1.4	802.0	36.0
维杜别茨基	6.5	10.5	35.0	140.0	10.08~20.08	20.1	7.5	157.3	1.5	850.0	98.0
弗拉基米尔	7.5	11.0	32.0	128.0	15.08~25.08	20.3	8.5	150.0	1.8	721.3	121.3
掷弹兵	5.0	9.0	25.0	100.0	01.08~10.08	21.7	8.0	128.0	1.7	787.0	115.0
叶夫根尼娅	6.0	10.5	27.0	108.0	10.08~20.08	21.2	9.7	177.0	1.8	775.0	117.0
叶莲娜	5.0	9.3	23.7	94.8	05.08~10.08	22.3	7.7	137.4	1.6	670.0	90.1
马克珊瑚	5.8	10.1	36.0	144.0	05.08~20.08	22.8	12.7	129.5	1.2	477.1	7.8
卢基扬	6.0	10.2	40.0	160.0	10.08~25.08	22.4	9.4	127.8	1.8	707.0	102.0
尼科尔卡	5.0	9.3	35.0	140.0	25.07~10.08	21.7	8.6	120.0	1.3	840.0	190.0
喜悦	5.2	10.4	23.5	94.0	01.08~15.08	24.0	7.1	106.0	1.4	802.0	36.0
萤火虫	7.5	7.5	25.0	100.0	20.08~01.09	22.7	9.7	150.0	1.8	710.0	102.0
谢苗	6.2	10.9	22.5	90.0	20.08~05.09	21.7	10.8	193.1	1.6	751.3	107.0
异国情调	7.3	9.9	28.5	114.0	15.08~05.09	22.7	10.4	154.0	1.5	750.3	190.6
优雅	5.0	10.9	20.0	80.0	25.07~10.08	21.3	9.1	110.3	1.8	773.0	104.0

一直到 1990 年，乌克兰国家植物品种名录中都没有收录山茱萸，这是国家植物园工作的空白。

乌克兰的山茱萸基因库主要来自乌克兰国家植物园育种的品种，育种工作始于 1960 年，包括于 1987 年、1999 年、2001 年正式收录的 14 个品种以及在育种过程中获得的大型杂交基因库。

根据基因库中山茱萸成熟的周期，可分为以下几种，见表 4-4。

表 4-4　山茱萸的品种分类

<table>
<tr><th>分类</th><th>品种</th></tr>
<tr><td rowspan="6">早期品种</td><td>阿廖沙</td></tr>
<tr><td>维什哥罗德</td></tr>
<tr><td>叶莲娜</td></tr>
<tr><td>尼科尔卡</td></tr>
<tr><td>温柔</td></tr>
<tr><td>优雅</td></tr>
<tr><td rowspan="8">中早期品种</td><td>布科维纳黄</td></tr>
<tr><td>维什哥罗德</td></tr>
<tr><td>加利西亚黄</td></tr>
<tr><td>掷弹兵</td></tr>
<tr><td>珊瑚</td></tr>
<tr><td>喜悦</td></tr>
<tr><td>嗜甜者</td></tr>
<tr><td>煤块</td></tr>
<tr><td rowspan="10">中期品种</td><td>巴比伦人</td></tr>
<tr><td>弗拉基米尔</td></tr>
<tr><td>维杜别茨基</td></tr>
<tr><td>叶夫根尼娅</td></tr>
<tr><td>马克珊瑚</td></tr>
<tr><td>卢基扬</td></tr>
<tr><td>梅里亚莎伊达诺娃</td></tr>
<tr><td>不起眼</td></tr>
<tr><td>奇异</td></tr>
<tr><td>首生子</td></tr>
</table>

续表

分类	品种
中期品种	普瑞斯基
	自育
	萤火虫
	老基辅
	异国情调
	琥珀
晚期品种	摩羯座
	科斯佳
	谢苗
	鹰

4.6.1 巴比伦人（Vavilovets）（图 4-34）

（1）研发者：C. V. 克里湄科，M. E. 因特。

（2）国家注册证书编号 1025。

（3）该品种是从卢基扬种群自由授粉的实生苗中选育出来的。1985 年实生苗被选中，1988 年开始结果。2000 年收录在乌克兰植物品种名录中。

（4）树龄 18 年的母本植株高 2.5m，单干，椭圆锥形冠，中等密度，宽 2m，叶长 8.0~8.8cm、宽 4.3~5.1cm。

（5）果实大，均重 6.0~6.5g，最大 7.1~7.5g，长 34.0~35.1mm，宽 17.0~18.0mm，果实呈优美梨形，红黑色，有光泽。果肉呈红色，果核附近颜色较浅。果实连接牢固，在完全成熟后 2~3 周内不落果。果核小，长 19~20mm、宽 6.0~7.0mm，细长，两侧圆形，下端窄，重 0.6~0.7g，占果实重量的 10.1%~10.7%。

（6）结果稳定，每年结果，10 年树龄的植株产量为 25~30kg，18 年树龄的植株产量 40~50kg。该品种为早期成熟品种，成熟期为 8 月 9—15 日至 8 月 20—25 日。

图 4-34 巴比伦人

（7）果实的生化成分：干物质 22.7%，糖 7.0%，有机酸 1.4%，果胶物质 0.96%，鞣料 0.4%，维生素 C 101.0mg/100g，果肉中的花青素 36.0mg/100g，果皮中的花青素 802.0mg/100g。

（8）果实可鲜食也可用于加工各类产品。

4.6.2 弗拉基米尔（Vladimirskiy）（图 4-35）

（1）研发者：C. V. 克里涓科。

（2）国家注册证书编号 890。

（3）该品种是通过先前育种的品种 6-3-9×9-15-1 杂交获得的。杂交种子于 1962 年收获，1963 年播种，1970 年开始结果，1975 年精选幼苗。1999 年收录在乌克兰植物品种名录中。

（4）该品种是果实最大的品种之一，非常高产。该品种耐寒、耐旱，一年结果，结果量大，果实大小均匀。

（5）22 年树龄的母本植株，双干，高 2.5m，冠宽 3.0m，椭圆形，中等密度。叶长 7.5~8.1cm、宽 3.6~3.9cm，全缘，椭圆形细长，稍皱，绿色，下面暗淡有绒毛，神经角有腺毛。

（6）果实大小均匀、果大，均重为 7.5g，最大为 8.5~9.5g（在气候潮湿的年份果实均重为 8.5～9.0g)，纵径 20.0～23.0mm，横径 6.5～7.5mm，漂亮有光泽，刚成熟时呈红黑色，彻底成熟后呈黑色，椭圆筒状，两侧稍扁平，一侧比另一侧更凸出，有时一侧会出现很小的垂直凹槽。果肉绵软紧致，颜色很好（比果皮稍淡），在果核薄层附近颜色较浅。味道丰富，酸甜可口。果梗长 1.6cm。果核长 20.0～23.0mm、宽 6.5～7.5mm，纺锤形，奶油色，光滑，末端扁平，上部略平。平均质量为 0.60～0.65g，是果实质量的 10.9%～11.1%。

（7）成熟期为中晚期，8 月 15—20 日至 9 月 5—15 日。果实同时成熟，附着力非常好，在成熟后长时间不落果。

（8）15 年树龄的植株产量 30～35kg，20～25 年树龄的植株产量 55～60kg。

（9）果实的生化成分：干物质 20.3%，糖 8.5%，有机酸 1.7%～1.8%，果胶物质 1.0%，鞣料 0.27%，维生素 C 142.0～150.0mg/100g，果肉中的花青素 121.3mg/100g，果皮中的花青素 721.3mg/100g。

（10）新鲜果实非常漂亮，生吃非常美味，适合各类加工。

图 4-35　弗拉基米尔

4.6.3　维杜别茨基（Vydubetskiy）（图 4-36）

（1）研发者：C. V. 克里湄科。

（2）国家注册证书编号 1026。

（3）该品种是通过先前育种的品种 6-3-9×9-15-2 杂交获得的。杂交种子于 1969 年播种，1976 年精选幼苗。2000 年收录在乌克兰植物品种名录中。

（4）22 年树龄的母本植株高 3.7m，10 个砧茎（直径 3.4~7.4cm），树冠呈宽椭圆形，中等密度。该品种冬季耐寒。叶大，长 7.5~9.5cm、宽 3.0~4.5cm，全缘，椭圆长形，顶部尖型和底部楔形，淡绿色，无光泽，叶柄长 1.0~1.3cm。

（5）果实非常大，均重为 6.5~6.7g，最大 7.0~7.6g，长 31.5~35.0mm、宽 17.7~20.3mm，椭圆梨形，圆形边不对称，漂亮呈深红色，完全成熟后呈石榴色，多汁，果梗附着点稍短。果肉呈深红色，着色均匀直到果核，非常多汁，嫩滑，味道酸甜，具有独特的山茱萸味，果肉与果核分离，果皮薄。果梗长 1.6~1.7cm。果核长 18.1~20.5mm、宽 6.5~7.0mm，纺锤形，细长，有时不对称，一侧较另一侧凸，下端尖。重 0.5~0.6 克，是果实重量的 9.8%~10.5%。

（6）该品种为晚期成熟品种，成熟期为 8 月 15—20 日至 9 月 5—10 日。果实附着力非常好，不落果，可一次性收获。每年结果，结果稳定，15 年树龄的植株产量 35~45kg，20 年树龄的植株产量 45~60kg。

（7）果实的生化成分：干物质 20.1%，糖 7.5%，有机酸 1.6%，果胶物质 1.0%，鞣料 0.20%，维生素 C 157.3mg/100g，果肉中的花青素 98.0mg/100g，果皮中的花青素 850.0mg/100g。

（8）果实完全成熟后鲜食美味，适合各类加工。

图 4-36　维杜别茨基

4.6.4 掷弹兵（Grenader）（图 4-37）

（1）研发者：C. V. 克里湄科，M. E. 因特，K. N. 柴卡。

（2）国家注册证书编号 1029。

（3）该品种是从维杜别茨基种群自由授粉的植株中选育出来的。1990 年，幼苗进入结果期。2000 年收录在乌克兰植物品种名录中。

（4）该品种与维杜别茨基的形态特征相似，如冠形、叶子和果实颜色。但它有其独特之处：从果实形状和成熟日期（8 月 2—11 日）来看，它与尼科尔卡、优雅和喜悦一样是成熟最早的品种之一。

（5）母本植株高 2.0m，宽椭圆形树冠，向上渐细，宽 2.0m。叶长 7.4~8.2cm、宽 3.7~3.9cm。

（6）果实大，均重为 5.0 ~ 5.3g，单果重 6.0 ~ 7.0g，长 30.0 ~ 32.0mm、宽 17.5~18.5mm，椭圆至圆柱形，个别情况颈部狭窄，在成熟初期已呈红黑色，在形态上底部明显凹洼，果实稍扁平。果肉为红色，果核附近颜色较浅，果肉鲜嫩，非常多汁，果肉与果核分离。果核小，长 18.0~19.0mm，宽 6.0~7.0mm，纺锤形，尖，略不对称。质量 0.4~0.5g，只有果实重量的 8.0%~9.0%。一个有趣的特点是，只有这个品种的果核在果实的下部。

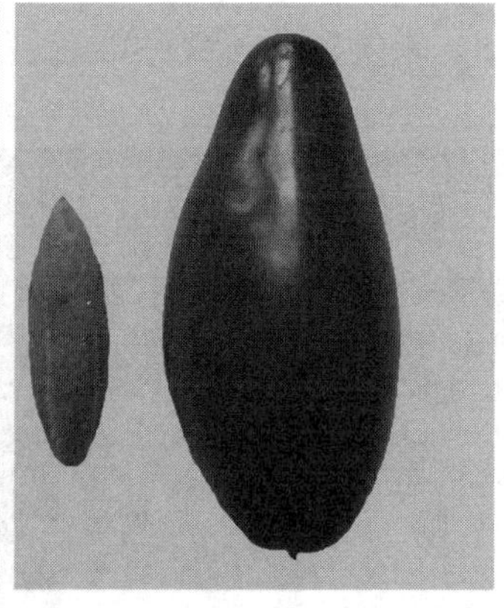

图 4-37 掷弹兵

（7）每年结果，结果稳定，12 年树龄的植株产量为 30~40kg。

（8）果实的生化成分：干物质 21.7%，糖 8.9%，有机酸 1.7%，果胶物质 1.0%，鞣料 0.3%，维生素 C 126.0mg/100g，果肉中的花青素 115.0mg/100g，果皮中的花青素 787.0mg/100g。

（9）果实特别美丽，香气浓郁，鲜食非常美味，以早熟为特色，可用于加工高品质的果汁、果酱、果冻、蜜饯、糖水水果、果脯和水果软糖。

4.6.5 叶夫根尼娅（Yevgeniya）（图 4-38）

（1）研发者：C. V. 克里涓科，A. P. 库斯托夫斯基，L. G. 希萨穆丁诺娃。

（2）国家注册证书编号 891。

（3）该品种是通过先前选育的品种 6-3-9×9-3-10 杂交获得的。杂交种子于 1977 年播种，1986 年进入结果季，1989 年精选幼苗。1999 年收录在乌克兰植物品种名录中。

（4）10 年树龄的母本植株，单干，高 2.0m，椭圆—金字塔形冠，宽 2.0m，叶宽大，长 10.5~12.5cm、宽 6.0~6.5cm，有褶皱，无光泽，叶片下部有柔毛，叶片顶端长，基部圆形，无托叶。

（5）该品种的特点是每年结果，结果量大，但它对水分供应反应非常敏感。干旱年份，果实较小；相反，水分供应充足时，果实非常大，口感品质非常高。

（6）果实大，均重 6.0g，最大 6.8~7.6g，长 27.0~30.0mm、宽 17.0~19.0mm，有规则的椭圆形，上部稍窄，呈液滴状，有光泽，暗红色，充分成熟时几乎完全变黑。果皮薄而硬，果梗长 1.5cm，向一个方向稍有移位。果肉深红色，果核附近较浅，果肉鲜嫩、酸甜但几乎不会感觉到酸味。果核小，长 16.0~17.0mm、宽 6.5~8.0mm，纺锤形，奶油色，稍不对称，上端尖，下端平滑。果核形状与所有其他品种不同，通常两端都是圆形的，无尖端。重 0.4~0.5g，占果实重量的 8.5%~10.0%，远低于其他品种。果核与果肉分离。

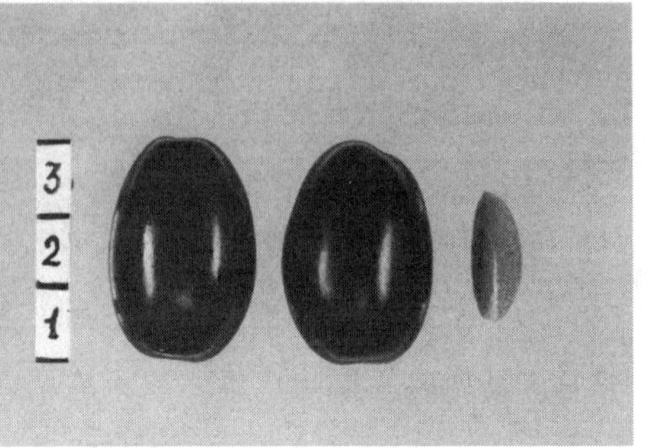

图 4-38 叶夫根尼娅

（7）该品种为中期成熟品种，8 月 15—25 日至 9 月 5—15 日成熟，果实同时成熟，完全成熟时不落果，果实附着力好。

（8）该品种耐寒，抗旱，每年结果，果实均匀，结果量大。10 年树龄的植株产量为 25～30kg。

（9）果实的生化成分：干物质含量为 21.2%，糖含量为 8.8%～10.7%，有机酸含量为 1.8%，果胶物质含量为 1.3%，鞣料含量为 0.2%，维生素 C 含量为 150.0～177.0mg/100g，果肉中的花青素含量为 117.0mg/100g，果皮中的花青素含量为 775.0mg/100g。

（10）果实长期储藏可以催熟，在冰箱里可以持续保存 4～5 周，非常适合鲜食和加工成果酱、果汁、果冻、水果软糖、糖浆、红酒等。冷冻可以很好地保存颜色、味道和生化成分。

4.6.6 叶莲娜（Yelena）（图 4-39）

（1）研发者：C. V. 克里涠科。

（2）国家注册证书编号 974。

（3）该品种是于 1975 年从自由授粉的植株中选育出来的。种子于 1969 年播种，1973 年进入结果季。1999 年收录在乌克兰植物品种名录中。

（4）该品种的特点是每年结果，结果量大，耐寒性强，在 1986—1987 年、1996—1997 年、1997—1998 年极端严寒的冬季温度下降到-35℃时，都没有冻伤情况发生。

（5）该品种植株非常高大，高 3.5m，上部是漂亮的椭圆—金字塔形树冠，密实。10~15 年树龄的植株产量为 25~35kg，20 年树龄的植株产量为 35~50kg。叶长 7.5~10.5cm、宽 4.0~4.5cm，全缘，椭圆细长形或长圆形，叶脉明显，下端有短柔毛，无托叶，叶柄长 1.0~1.1cm。

（6）果实大小相等，均重为 5.0g（单果重 5.5~6.0g），长 25.2mm。宽 19.5mm，呈圆形和椭圆形，有光泽，鲜红色，完全成熟时呈暗红色，与其他品种不一样，无黑色果实。果皮很薄。果肉呈红色，鲜嫩，非常多汁，中等密度。果核小，纺锤形，均匀宽度，上端比下端尖，一端较另一端稍微凸起，四条浅色棱长度达果核长度的 1/2。占果实重量的 3.6%~9.0%。果柄平均长度 1.3~1.5cm。

（7）该品种为早期成熟品种，8 月 10—12 日成熟。过熟的果实会落果，因此需要在完全成熟的前几天采摘。

（8）果实的生化成分：干物质含量为 32.3%，糖含量为 7.7%，总酸度为 1.6%~1.7%，果胶物质含量为 0.9%~1.1%，维生素 C 含量为 137.4mg/100g，果肉中的花青素含量为 90.1mg/100g，果皮中的花青素含量为 670.0mg/100g。

（9）果实味道甜酸，成熟时味甜，多汁，适合鲜食和加工，尤其是加工成果汁、果冻、软糖等。收获后的果实冷藏保质期略低于其他品种，为 10~12d。

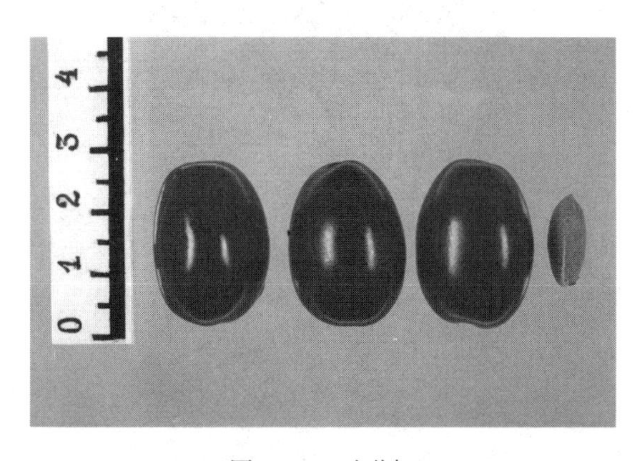

图 4-39　叶莲娜

4.6.7 马克珊瑚（Koralovyi Marka）（图 4-40）

（1）研发者：C. V. 克里湄科。

（2）国家注册证书编号 1340。

（3）该品种于 1975 年由黄果山茱萸与红果山茱萸品种——弗拉基米尔（9-1-1）、叶莲娜和维杜别茨基（9-3-10）（花粉混合剂）杂交而得。1976 年杂交种子播种，1982 年精选苗木，1990 年繁殖。2001 年收录在乌克兰植物品种名录中。

（4）该品种植株树冠宽圆密实、漂亮，生长速度有限，年生长量通常为 35~40cm（其他品种则达到 40~90cm）。

（5）该品种果实呈桶形，向下稍微变窄，粉红色或橙色，顶端部分扁平，基部有棱纹凹槽，这是该品种的特点。果实形状、大小和重量均匀。果实基部有 5~6 条均匀的棱。果核呈椭圆形，底部稍平。该品种果实看起来像樱桃的果实。果实的均重为 5. 8 ~ 6. 0g，最大 6. 5 ~ 6. 8g，长 24 ~ 26mm、宽 20~22mm。完全成熟时，果实晶莹、味甜、樱桃味，但比樱桃更酸。果肉粉红色，致密，比其他品种比重更高。果柄长 0. 8~1. 0cm。

图 4-40　马克珊瑚

（6）该品种为中早期成熟品种，成熟日期为8月15—20日。每年结果。10年树龄的植株产量为35~40kg。

（7）果实鲜食美味，适合各种加工（果冻、果酱、果汁、糖浆），质量高。

4.6.8 卢基扬（Lukianovskiy）（图4-41）

（1）研发者：C. V. 克里湄科。

（2）国家注册证书编号972。

（3）该品种是最优品种之一，于1975年由1968年自由授粉的实生苗育种而来。1999年收录在乌克兰植物品种名录中。

（4）母本植株高3.5m，由灌木形成。圆形冠，紧凑，从北到南宽3.85m、从东到西宽3.3m，中等密度，主干直径12.5cm。叶长8.5~9.5cm、宽4.0~4.5cm，全缘，椭圆形，长圆形尖头，基部呈楔形，稍皱，浅绿色，无光泽，脉状明显，下部有短柔毛，有腺毛，无托叶，叶柄长1.0~1.2cm。

（5）果实的附着力很强，成熟后3~4周内不落果。果实大小平均，平均质量为6.0g（最大质量为7.0~7.5g），长30.6~34.0mm、宽16.5~19.5mm，瓶形和梨形，漂亮，果皮有光泽，暗红色，完全成熟时几乎是黑色的。肉质多汁，致密，深红色，靠近果核处颜色较浅，果肉鲜嫩，具有特定山茱萸味道。果梗长1.5~1.7cm。果核为纺锤形，四条纵线达果核长度的一半，奶油色，重0.6g，占果实重量的9.8%~10.2%。

（6）该品种是中期成熟品种，果实于8月15—20日开始成熟，大部分于8月25—9月1日成熟。12~15年树龄的植株产量为35~40kg，25年树龄的植株产量为60~75kg。

（7）果实的生化成分：干物质含量为22.4%，糖含量为9.4%，总酸度为1.7%~1.9%，果胶物质含量为0.6%~1.1%，维生素C含量为127.8mg/100g，果肉中的花青素含量为102.0mg/100g，果皮中的花青素含量为707.0mg/100g。

（8）从技术上讲，收获的果实，在储存3~4周后成熟，适合新鲜食用（完全成熟时）和各种类型的加工。

图 4-41　卢基扬

4.6.9　尼科尔卡（Nikolka）（图 4-42）

（1）研发者：C. V. 克里湄科，M. E. 因特，K. N. 柴卡。

（2）国家注册证书编号 1028。

（3）该品种由自由授粉的实生苗选育而得。1960 年杂交种子播种，1967 年开始结果，1976 年精选苗木。2000 年收录在乌克兰植物品种名录中。

（4）35 年树龄的母本植株高 4.0m，单干。细长球形冠，非常紧凑，漂亮，宽 2.5m，经过修整后，冠部可良好再生，在生长期可形成长 70~80cm 的一年生树枝。该品种相当耐寒，冬季严寒无损伤。叶长 9.3cm、宽 4.0cm，椭圆形，全缘，稍皱，绿色，下部无茸毛，无托叶，叶柄长 0.8cm。

（5）果实大小平均，均重为 5.5~5.8g，最大 6.2~6.5g，长 33.0~35.5mm，宽 16.5~17.5mm，梨形和圆形，稍扁，一侧比另一侧凸出，漂亮，皮薄，非常多汁。果肉柔软，口味独特，着色直到果核，味道酸甜可口但几乎没有酸味。果核为奶油色，略不对称，上尖下圆，表面略有小窝，长 17.0~18.0mm、宽 7.1~8.1mm，重 0.5~0.6g，占果实重量的 8.5%~9.3%。果肉与果核分离。

（6）该品种为成熟最早的品种之一。果实开始成熟时立即变成黑红色，几乎黑色，果实同时成熟。果实于7月底8月初开始成熟。15年树龄的植株产量为35~45kg，35年树龄的植株产量为60~65kg。每年结果，结果量大，果实大小均匀。

（7）果实的生化成分：干物质含量为21.7%，糖含量为8.6%，总酸度为1.3%，鞣料含量为0.86%，果胶物质含量为1.1%，维生素C含量为119.0mg/100g，果皮中的花青素含量为840.0mg/100g，果肉中的花青素含量为190.0mg/100g（该品种与叶莲娜、维杜别茨基都是花青素含量最高的品种）。

图4-42　尼科尔卡

4.6.10　喜悦（Сырецкий，6-3-9）（Radost）（图4-43）

（1）研发者：C.V. 克里湄科。

（2）国家注册证书编号1027。

（3）该品种是由卡申柯环境驯化园之前选育的品种（14-3-18×9-3-9）杂交而来的。1967年收获杂交种子，1969年播种，1976年精选苗木。2000年收录在乌克兰植物品种名录中。

（4）20年树龄的母本植株为灌木状，7根砧茎，高3.3m，砧茎直径为3.8~10.5cm，树冠倒卵形。叶全缘，椭圆形，上端尖，深绿色，致密，有褶皱，长6.1~8.2cm、宽3.2~3.4cm，叶柄长0.8~0.9cm。

（5）该品种果实均重为 5.2～5.5g，最大 6.0～6.6g，长 29.0～31.0mm、宽 17.0～18.0mm，椭圆或卵圆梨形，至花梗逐渐变窄，部分果实颈部平滑、不明显。颜色呈深红色至黑色，果实开始成熟时几乎立即变深。果皮薄，有光泽，易破裂。果肉呈红色或粉红色，柔软多汁，与果核分离，果实完全成熟时微酸。果柄长 1.3cm，果实连接牢固，成熟时不落果。果核长，略扁平，不对称，长 13.0～17.0mm、宽 6.5～7.0mm，重 0.45～0.50g，占果实重量的 10.6%。

（6）该品种耐寒。每年结果，果实尺寸大小均匀，结果量大。该品种为早期结果品种，成熟期为 7 月 27—8 月 10 日。10 年树龄的植株可结果 18～20kg，15 年树龄的植株可结果 25～30kg，20 年树龄的植株可结果 45～50kg。

（7）果实的生化成分：干物质含量为 24.0%，糖含量为 7.1%，有机酸含量为 1.4%，鞣料含量为 0.31%，果胶物质含量为 0.8%，维生素 C 含量为 106.0mg/100g，果肉中的花青素含量为 36.0mg/100g，果皮中的花青素含量为 820.0mg/100g。

（8）尽管该品种适合各类加工，但由于成熟期早，一般用作鲜食。

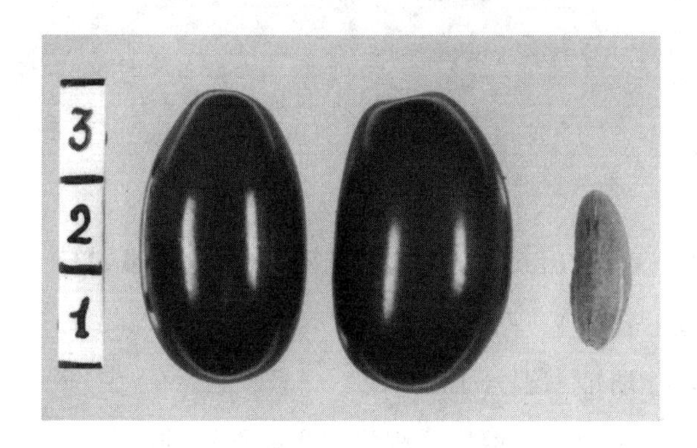

图 4-43　喜悦

4.6.11　萤火虫（Svetliachok）（图 4-44）

（1）研发者：C.V. 克里涓科。

（2）国家注册证书编号 975。

（3）该品种的起源是卢基扬品种的变种（芽变异是指植株生出幼芽，此芽发展成的枝与该植株所有其他枝条的形态特征不同）。该品种于 1981 年栽植，1985 年精选苗木。1999 年收录在乌克兰植物品种名录中。

（4）母本植株高 2. 5m，单干，椭圆锥形冠，宽 3m，不同于卢基扬品种的树冠。该品种耐寒、耐旱，每年结果，结果量大，无周期性。该品种受肥料和灌溉影响非常大，施肥和灌溉可以增加果实的产量，影响果实的大小。叶长 7. 5～12. 5cm、宽 4. 5～5. 8cm，全缘，椭圆形，有明显脉状，向下，无托叶，叶柄长 0. 75～0. 85cm。

（5）果实很大，均重为 6. 5～7. 5g（个别果实的重量为 8. 5～10. 0g），长 37. 8mm、宽 19. 7mm，非常漂亮，瓶子形，颈部稍粗。成熟的果实呈红黑色，果肉深红色，果肉致密，酸甜，气味芬芳。果核很小，重 0. 5g，占果实重量的 8. 9%～9. 3%。该品种是果实最大的品种之一。

（6）该品种是中晚期成熟品种，8 月 15—20 日开始成熟，大部分于 8 月 25—9 月 5 日成熟。果实在 2～3 周内同时成熟，成熟后果实颜色好，果实与果梗连接稳定性好，不落果，并且在完全成熟后可良好保存 3～4 周。10～15 年树龄的植株产量可达 40～45kg。

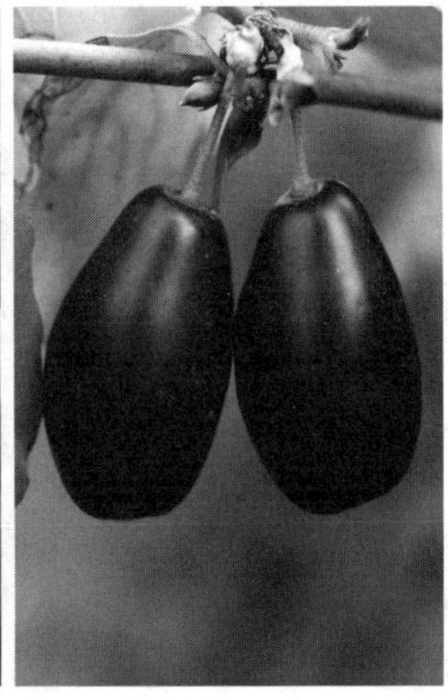

图 4-44　萤火虫

（7）果实的生化成分：干物质 22.7%，糖 9.7%，总酸度 1.6%，果胶物质 0.97%~1.0%，维生素 C 150.0mg/100g，果肉中的花青素 102.0mg/100g，果皮中的花青素 710.0mg/100g。

（8）果实完全成熟时鲜食非常美味，适合冷冻和加工。

4.6.12 谢苗（Semen）（图 4-45）

（1）研发者：C. V. 克里湄科，O. N. 涅德维嘉。

（2）国家注册证书编号 892。

（3）该品种于 1985 年精选自 1980 年从巴赫奇萨赖地区（克里米亚自治共和国）运来的山茱萸实生苗，1984 年开始结果。1999 年收录在乌克兰植物品种名录中。

（4）18 年树龄的母本植株高 3m，单干，树形漂亮，树冠呈球形、致密，宽 2m，叶子大，椭圆形，长 10.5~11.6cm、宽 5.5~6.5cm，有褶皱，无光泽，叶下的神经角有白色绒毛，叶柄长 0.8~1.2cm。

（5）该品种果实形状、味道、果肉密度十分独特，成熟期晚，是最晚熟的品种之一。

（6）果实大，均重 6.0~6.4g，最大 7.0~7.2g，长 26.0~29.0mm、宽 16.5~18.0mm，宽梨形，较短，类似“三角形”，稍有棱纹，颈部较短，进入果梗，基部较厚，果梗长 1.9~2.0cm，稍与果实中心偏离。成熟的果实颜色为樱桃黑色，果皮有光泽，硬实。肉质密实，骨软，离核，口感酸甜，带有好闻的山茱萸气味。果核呈纺锤形，十分尖锐，有尖端，有棱，长 18.0~21.0mm、宽 6.0~8.0mm，重 0.6~0.7g，占果实重量的 11.0%~11.2%。

（7）该品种十分耐寒，耐旱，及时灌溉可增加果实的重量。

（8）果实成熟期为 8 月 25—9 月 20 日，与基辅种群品种的成熟期、果实和果核的类型不同。果实的附着力非常好。结果稳定，果实大小均匀，7 年树龄的植株产量为 9~10kg，15 年树龄的植株产量为 23~35kg，18 年树龄的植株产量为 35~40kg。

图 4-45　谢苗

（9）果实的生化成分：干物质 21.7%，糖 10.8%，有机酸 1.6%，果胶物质 1.2%，鞣料 0.4%，维生素 C 193.1mg/100g，果肉中的花青素 751.3mg/100g，果皮中的花青素 107.0mg/100g。

（10）果实特别适合鲜食和各种加工，可制作果汁、糖浆、果酱、蜜饯、果冻、烤饼、水果软糕等。

4.6.13　异国情调（Ekzoticheskiy）（图 4-46）

（1）研发者：C.V. 克里湄科，A.P. 库斯托夫斯基。

（2）国家注册证书编号 1341。

（3）该品种起源于萤火虫品种的变种。1985 年开始育苗，1990 年精选苗木。2001 年收录在乌克兰植物品种名录中。

（4）该品种植株不高，可达 2m，圆顶冠，中等密度。

（5）果实大，圆柱形，从顶部到底部的宽度几乎相同，但底部略有收缩。水果的顶部是圆形的，底部较平。果实的均重为 6.8~7.3g，最大为 8.0~8.5g，长 41~46mm、宽 17~19mm。果实长度的变化很大，宽度的变化较小。果实非常漂亮，完全成熟呈黑红色，颜色均匀。果肉呈深红色，香气浓郁，密实，酸甜。树冠内的果实同时成熟。果核与果肉分离，仅在底部附着于果肉，保持“悬浮”状态，未到果的顶端部分。果核呈纺锤形，占果肉重量的 9.9%~10.0%。

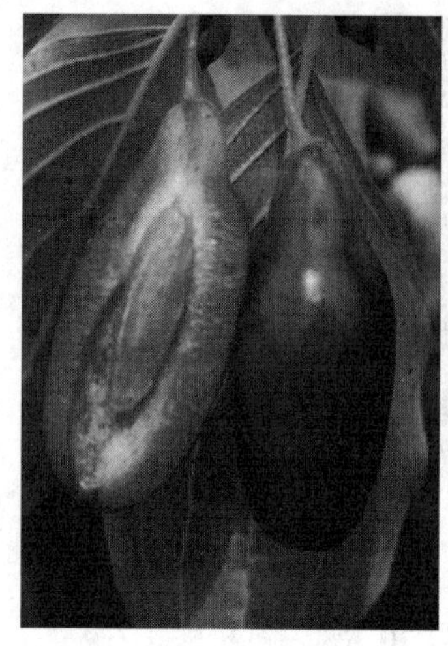

图 4-46 异国情调

（6）该品种是中期成熟品种，成熟期为 8 月 20—9 月 5 日。该品种每年结果，结果量大，15 年树龄的植株产量为 40～50kg。

（7）收获后 3～4 周内，果实保存完好。成熟的果实鲜食非常美味，适合加工果冻、果酱、果胶、果汁、糖浆，尤其是无核果酱。

4.6.14 优雅（Elegantnyi）（图 4-47）

（1）研发者：C. V. 克里湄科。

（2）国家注册证书编号 973。

（3）该品种是由选育类型 422×9-15-2 杂交而得。1971 年收获杂交种子，1973 年播种，1980 年精选苗木。1999 年收录在乌克兰植物品种名录中。

（4）该品种为短刺型，早熟品种。母本植株不高于 1.5～2.0m，树冠呈杯状，稀疏，宽 2.2～2.5m，叶长 7.7～9.5cm、宽 2.5～4.0cm，全缘，椭圆形，细长，顶端尖锐，形状不同于其他品种的椭圆形细长叶子，叶柄长 0.7～1.0cm。

（5）果实中等大小，均重 4.5～5.0g，长 28.0～30.0mm，瓶形，宽 13.0～15.0mm，细颈，细长，形状和大小均匀，刚成熟时呈樱桃深红色，完全成熟时几乎黑色，多汁，果柄长 1.7～2.0cm，果实颈部变成果柄，摘果时留在果实上，或扯下一块果肉。果肉深红色，在果核附近有一层薄薄的白色果肉，有独特的山茱萸味。果核为椭圆形，奶油色，较小，长 17.0～20.0mm、宽 5.0～5.5mm，重量 0.37～0.44g，为果实重量的 10.8%。

（6）虽然该品种产量略低于其他品种，但该品种耐寒，抗旱，结果稳定，每年结果。树冠内果实分布非常均匀，因此收获也非常均匀。

（7）8 月 5—10 日果实开始成熟，大部分于 8 月 15—20 日成熟，果实同时成熟，成熟后果实变黑，落霜前未收获的果实不落果，枯萎并留在树上。10～15 年树龄的植株产量为 20～80kg，略低于其他品种，但该品种非常漂亮，精致的外形和美味的味道使其受到高度重视。

（8）果实的生化成分：干物质 21.8%，糖 9.1%，总酸度 1.84%～1.9%，果胶物质 0.57%～1.02%，维生素 C 110.3mg/100g，果肉中的花青素 104.0mg/100g，果皮中的花青素 773.0mg/100g。

（9）果实在完全成熟时鲜食非常美味，而且适合各种加工，但最早成熟的果实常用于鲜食。

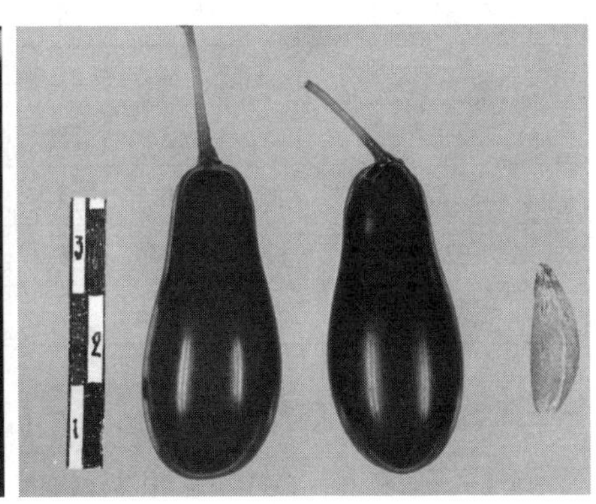

图 4-47　优雅

4.6.15　准备进行品种测试的品种

通过多年的育种工作（分析和综合选种），已获得和正在栽培的品种大约还有20多个，其简要特性已在表4-5中列出。用于品种测试的资料已经准备好。以下是对这些品种的描述。

表4-5 乌克兰国家植物园选育的山茱萸新品种的特征

品种	果实				果核占果重百分比/%	单株产量/kg	成熟期/（日.月）
	质量/g		尺寸/mm				
	平均	最大	长	宽			
保加利亚	5.5	6.5	29.4	19.2	8.5~9.5	40~45	10.08~25.08
维什哥罗德	4.3	5.0	27.8	17.8	11.5~12.0	60~65	15.08~01.09
优利康	6.0	7.5	30.7	18.1	8.0~8.5	40~45	10.08~25.08
摩羯座	6.0	6.5	32.7	18.4	11.0~12.0	40~45	15.08~05.09
珊瑚	4.5	5.5	22.7	17.6	10.5~11.0	55~80	15.08~01.09
科斯佳	6.5	7.5	34.6	17.5	9.0~10.2	50~60	10.09~25.09
梅里亚萨伊德洛娃	6.5	8.0	29.1	16.4	8.0~8.5	45~50	5.09~25.09
温柔	4.0	5.5	33.0	16.5	9.5~10.0	35~40	10.08~17.08
不起眼	5.0	6.5	29.4	18.3	9.6~10.0	45~50	15.08~05.09
奇异	5.5	6.5	27.2	15.8	9.1~9.5	45~50	20.08~10.09
首生子	5.5	6.5	27.8	15.8	8.6~9.0	50~55	20.08~10.09
普瑞斯基	5.5	6.5	38.5	16.5	7.8~8.5	35~40	20.08~15.09
自育	3.5	4.5	24.3	16.3	12.0~13.0	30~40	15.08~30.08
嗜甜者	2.7	3.7	25.3	12.8	12.5~13.0	50~55	15.08~30.08
鹰（2549）	5.5	6.5	23.9	16.1	11.0~12.0	40~45	25.08~10.09
老基辅	6.5	7.5	35.3	17.7	9.5~10.5	55~60	10.08~10.09
琥珀	4.5	5.5	21.7	15.9	10.0~11.0	55~60	10.08~30.08

4.6.15.1 阿廖沙（Alesha）（图4-48）

（1）研发者：C. V. 克里湄科。

（2）该品种为山茱萸中的黄果品种，这是我们收藏的5种黄果山茱萸中最早的一种。我们在文尼察地区 Мурованые Куриловцы 的一家养蜂场找到了这种植物并进行了无性繁殖。第三年实生苗开始结果。

（3）十年树龄的植物高度不高（最高2m），树冠稀疏，增长速度十分有限。叶子为普通的山茱萸叶子，亮绿色，短柔毛，无托叶，中等密度，长 6.5~7.5cm，宽 5.0~5.5cm，叶柄长 0.6~0.7cm。

（4）果实呈椭圆形，颜色鲜黄，果皮薄而密实。不同年份果实的均重 3.5~5.0g，2010 年为 5.7g，果实长 2.0~2.3cm，宽 1.3~1.7cm，果梗长 0.7~1.0cm。果核为纺锤形，淡黄色，长 1.4~1.6cm，宽 0.5~0.6cm，重 0.4~0.5g，占果实重量的 10%~11%。

（5）果实开始成熟的时间是 7 月底到 8 月初，完全成熟在 8 月 10—15 日。整棵树的果实几乎同时成熟，应在完全成熟前 3~4d 收获，放置 1~2d 后成熟，可在冷库中储存，不会影响果实的品质，最长可储存 10d。

（6）果实的生化成分：干物质 19.8%，糖 12%，有机酸 1.4%~1.5%，维生素 C 117.0~145.0mg/100g，果胶物质 1.0%~1.2%，鞣质 0.15%~0.20%。

（7）该品种每年结果，10 年树龄的植株产量为 12~15kg。

（8）该品种的成熟果实非常适合新鲜食用，加工产品的特点是呈美丽的琥珀色和独特的原味，尤其是用磨碎的果实做成的生果冻。

图 4-48 阿廖沙

4.6.15.2 布科维纳（Bukovinskiy）（图 4-49）

（1）研发者：C. V. 克里湄科。

（2）该品种的来历不明，根据名字判断，是在布科维纳发现的。我们在 2000 年从著名的园丁、园艺事业热衷者 V. N. 巴托琴科大师那里得到了一株苗木（罗夫诺州拉德维洛夫市）。

（3）该品种树冠的形状不同于其他黄果品种，更椭圆、更稀疏（除了琥珀品种，其树冠为椭圆形金字塔形）。

（4）母本植株高 2.5m，树冠金字塔形，紧凑，深绿色，每年增长速度快。整个生长季节树木都非常漂亮，特别是在成熟期。叶子深绿色，椭圆细长，略带光泽（其他品种叶子无光泽），叶子表面几乎光滑。叶子下部的中脉与其他黄色果实品种一样。通常从叶柄到叶子中部都是红色的。叶长 7.6~8.0cm，宽 5.0~5.5cm，叶柄长 0.6~0.7cm。

（5）果实呈椭圆形，黄色，通常带有红色条纹，果实完全成熟时果核半透明。与其他品种一样，该品种果实的平均重量取决于产量的大小和气候条件。有些年份果实重 3.5~4.0g，2009 年和 2010 年果实重 4.5g。树冠内果实尺寸大小平均。果实长 2.0~2.3cm，宽 1.3~1.5cm，果梗长 0.7~1.0cm，果核小，长 1.1cm，宽 0.6cm，果核占果实重量的 10.8%。

（6）在不同年份，果实成熟日期为 8 月 8—16 日到 8 月 15—20 日。结果量大，每棵树的果实大小均匀，落果量不大，果实稠密时，可在完全成熟前 2~3d 内收获 1~2 次。15 年树龄的植株产量为 40~50kg。

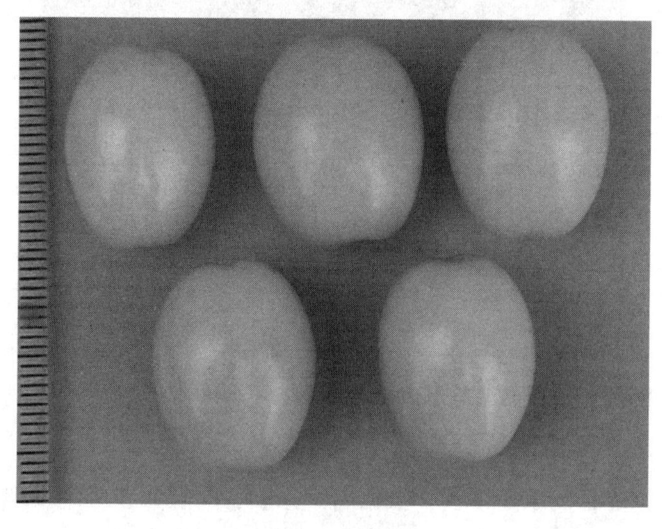

图 4-49　布科维纳

（7）果实的生化成分：干物质20.1%，糖12.5%，有机酸1.5%～1.6%，果胶物质1.1%～1.2%，维生素C 120.0～135.0mg/100g，鞣质0.20%～0.25%。

（8）该品种果实适合鲜食，也适合加工各类产品。

4.6.15.3 维什哥罗德（Vyshgorodskiy）

（1）研发者：C.V. 克里湄科，A.I. 特尔诺瓦娅。

（2）该品种于1973年在9-15-1种群中自由授粉的实生苗中选育的。是卡申柯环境驯化园中选育得最早的品种之一。该品种非常耐寒且耐旱，产量很高。

（3）30年树龄的母本植株高3.8m，树冠卵形或金字塔形，中等密度，宽3.7～3.8m，叶长7.2cm，叶宽3.5cm，叶柄长0.7cm。

（4）就果实的大小和形状而言，这种品种比后来培育的其他品种差，但它的产量优于其他品种，是最易生长、对生长条件要求最不高的品种之一。

（5）果实中等大小，均重4.5～4.8g，最大为5.0～5.3g，长22.3～28.3mm，宽15.0～18.0mm，果实大小平均，果实成熟时呈深樱桃色，果皮薄、有光泽，完全成熟时味道酸甜。肉质多汁，鲜红色，靠近果核处的薄层颜色浅。果核长15.0～18.0mm，宽6.0～7.0mm，椭圆形，上端稍尖。重0.4～0.5g，占果实重量的9.0%～10.6%。

（6）该品种每年结果，结果量大。该品种为早期成熟品种，成熟期为8月1—15日。10年树龄的植株结果量为20～22kg，15年树龄的植株结果量为50～60kg，30年树龄的植株结果量为70～80kg。有时在干旱年份，因收获量不断增加，果实变小，果实的多汁性下降，果核相对于果实重量的百分比增加。

（7）果实的生化成分：干物质22.9%，糖7.2%，有机酸1.56%，果胶物质0.75%，鞣质0.33%，维生素C 121.0mg/100g，果肉中的花青素208.0mg/100g，果皮中的花青素802.0mg/100g。

（8）该品种成熟期早，多用于鲜食，也适合各种加工。

4. 6. 15. 4　珊瑚（Koralovyi）（图 4-50）

（1）研发者：C. V. 克里湄科。

（2）该品种选育自自由授粉的实生苗。在 40 个杂交实生苗中，有 2 个粉红色果实品种，1 个黄果品种，37 个红果品种。

（3）22 年树龄的母本植株高 5m，单干，中等粗壮的卵形锥体冠，冠漂亮，宽 3.5m，叶长 7.3~7.5cm，宽 3.7~4.3cm，椭圆形，稍有褶皱，绿色，下部有柔毛、无光泽，叶柄长 0.6cm。

（4）果实大小均匀，均重 3.4~4.0g，最大 4.2~4.4g，长 21~22mm，宽 15~17mm，宽圆形，形状规则，原始颜色为粉橙色，完全成熟时，果实透明，味甜，具有独特的非典型的山茱萸味道，像樱桃的味道。果皮薄，果肉粉红色或粉红黄色，难离核。果核长 16mm，宽 6mm，椭圆形，均匀圆形。重 0.5g，占果实重量的 11.4%~12.1%。果梗长 9~10mm。

（5）该品种非常耐寒，多年来一直没有冻伤。

（6）该品种为中晚期成熟品种，成熟期为 8 月 15—9 月 15 日。果实成熟不同步，成熟后落果，应在完全成熟前几天收获，果实可放熟。果实结果量大，每年结果，15 年树龄的植株可结果 35~40kg，20 年树龄的植株可结果 50~65kg。

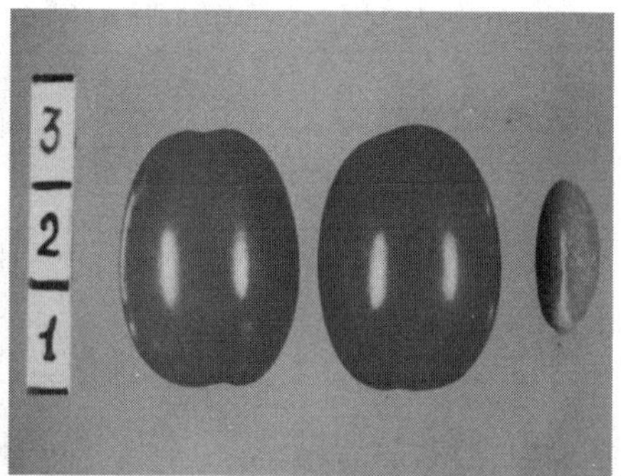

图 4-50　珊瑚

（7）果实的生化成分：干物质 19.7%，糖 9.1%，总酸度 1.5%，鞣质 0.3%，果胶物质 0.85%，维生素 C 117.0mg/100g，果肉中的花青素 6.8mg/100g，果皮中的花青素 160.0mg/100g。

（8）成熟果实鲜食非常美味，各类加工产品质量高（特别是用成熟果实加糖制作的生果冻）。

4.6.15.5 科斯佳（Kostia）（图 4-51）

（1）研发者：C. V. 克里湄科，K. N. 柴卡。

（2）该品种是 1977 年 6-1-9 杂交品种 4 号×9-3-10 品种的花粉杂交获得的，1981 年选择苗木，1985 年在定植地种植，1990 年开始结果。

（3）17 年树龄的母本植株形成单干，高 3m，椭圆锥体冠状，树冠密集，宽 2.5m。

图 4-51 科斯佳

（4）果实较大，均重 5.6~5.8g，最大 6.5~8.0g，长 32.0~35.0mm，宽 17.0~18.0mm，圆柱形，果实从底部至果梗渐细，一些果实颈部不明显，喇叭口短，果梗附着不对称。除了参与杂交的 4 号品种外，果实表面几乎没有明显的纵向棱，这是其他品种所没有的。果实完全成熟时，颜色为深红色。果皮密实。果肉为红色，多汁，离核。果实甜，果实挂枝时间长。果核呈圆柱及纺锤形，有时不对称，顶端圆形，长 21.0mm，宽 6.5mm，果核重 0.7~0.8g，占果实重量的 11.7%。

（5）该品种是成熟最晚的品种之一，果实成熟开始于 9 月 5—10 日，大部分在 9 月 20—25 日成熟，有时延迟到 10 月中旬。果实几乎同时成熟，在没有霜的情况下，果实不落果，直到 10 月底和 11 月初，2005 年出现过这样的情况。17 年树龄的植株产量为 45~50kg。

（6）该品种抗寒，收获量大，每年结果，结果稳定。

（7）果实鲜食美味，也适合各种加工。

4.6.15.6 温柔（Nehznyi）（图 4-52）

（1）研发者：C. V. 克里涓科。

（2）该品种是在维尼齐纳市的 Мурованные Куриловцы 村发现的一种果实为独特瓶状的黄色原始品种。

（3）该品种植株有椭圆—金字塔形的密集树冠，高 2.5m，叶长 9.0~9.5cm，宽 4.0~4.5cm，椭圆形，长圆形尖顶，叶底端呈楔形。该品种的一个有趣特征是叶子中心的叶脉呈明显的红色，侧脉的着色较少。马克珊瑚这个品种的中心叶脉呈浅红色。其他品种叶脉是绿色的。

（4）果实的形态变异性非常明显：果实的颈部缩短，果柄通常附着不对称，梨形，果实颈部明显较长。果实完全成熟时呈黄色、透明，内部有颜色较浅的纹理，果核半透明，果实味甜，有轻微的酸味。果肉黄色，完全成熟时果肉与果核分离，中等密度。果梗长 15~16mm，与大多数红果实品种（梨形和椭圆形果实）相同。而琥珀（黄色品种，椭圆形果实）、珊瑚（椭圆形）和马克珊瑚（腰鼓形，粉色品种）等品种的果梗长度仅为 8~10mm，与其差异较大。果实均重 4.5~5.5g，长 32.0~35.5mm，宽 15.0~16.5mm。果核呈纺锤形，尖端锋利，奶油色，有四条浅棱。果核平均重量为果实重量的 9.5%~10.5%。

（5）该品种为中早期成熟品种，果实于 8 月 8—10 日开始成熟，大部分于 8 月 15—20 日成熟。12~15 年树龄的植株产量为果实 35~40kg。结果期间，果树非常漂亮。

图 4-52 温柔

（6）该品种耐寒性较好。每年结果，结果稳定，无周期性。但与其他品种一样，产量取决于天气条件，特别是与灌溉有关。果实均重也取决于此。技术成熟阶段收集的果实，可储存 3~4d。过熟的果实变暗掉落。

（7）果实适合鲜食，特别适合制作生果酱。

4.6.15.7 首生子（Pervenets）（图 4-53）

（1）研发者：C. V. 克里湄科。

（2）该品种是从 1963 年播种的种子的实生苗自由授粉获得的，1972 年精选苗木。

（3）25 年树龄的植株，单干，高 2.5m，树冠呈球形、密集，枝杈伸展得很远，宽 2.0~2.5m。该品种耐寒，多年来无病害。叶长 6.9~10.4cm，宽 3.4~4.5cm，椭圆形，全缘，浅绿色，叶柄长 0.9~1.0cm。

（4）果实大小均匀，均重为 4.7~5.5g，最大为 6.5~6.6g，长 25.0~30.0mm，宽 17.0~19.0mm，椭圆梨形，颈部不明显、有光泽，皮薄而坚实，果柄长 1.7cm。完全成熟的果实呈深红色至黑色。果肉是深红色的，颜色直至果核，果肉绵软、多汁，只有在未成熟的状态下，果肉与果核能很好地分离。果核呈纺锤形，乳白色，圆头，果核小，长 14.0~16.0mm，宽 6.0~7.0mm；果核上的四条棱中，两条明显、两条较浅。果核重 0.45~0.50g，为果实重量的 8.2%~9.3%。

（5）该品种为早期成熟品种，一般 8 月 1—10 日成熟。该品种每年结果，结果量大，果实大小均匀。15 年树龄的植株产量为 25~30kg，25 年树龄的植株产量为40~50kg。

（6）果实生化成分：干物质23.2%，糖6.2%，有机酸2.07%，果胶物质0.85%，鞣质0.36%，维生素C 100mg/100g，果肉中的花青素115.0mg/100g，果皮中的花青素737.0mg/100g。

（7）果实酸甜口味，比其他品种的糖含量低，鲜食较少，但适合进行各类加工。

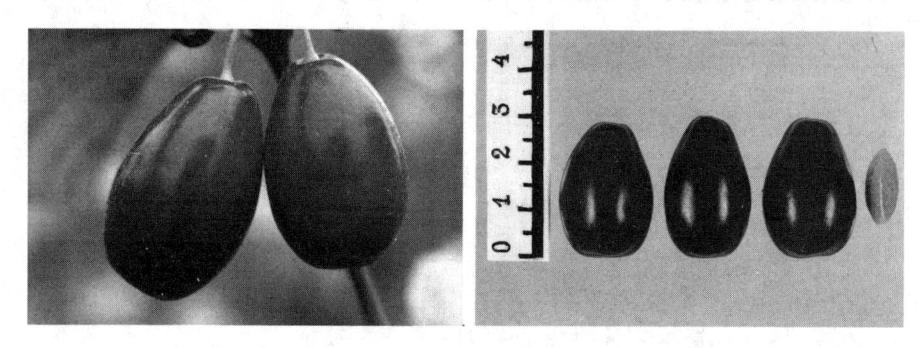

图4-53　首生子

4.6.15.8　普里奥尔（Priorskiy）（图4-54）

（1）研发者：C. V. 克里湄科，V. P. 叶列门科。

（2）本地品种，原产地不明，是1992年在基辅的普里奥尔老区发现的，通过无性繁殖在乌克兰国家植物园繁殖。1997年进入结果期。1999年精选苗木。

（3）80~100年树龄的母本植株生长在舍甫琴科镇（距离舍甫琴科广场不远），树高3m，树冠直径达2m，每年结果量大。根据业主的说法，在这个镇上，还有两棵年轻的树木（40~50年树龄）正在生长。据80岁的女主人珈琳娜·提霍诺夫娜·费多列兹的说法，该树在19世纪末由她的父亲种下，是从这一地区某个人那里采集的苗木。庄园的主人说，从她记事以来，这棵树一直在结果。叶长8.5~9.0cm，宽4.0~4.5cm，普通的山茱萸叶子，脉络清晰，叶柄长1.1~1.3cm。

（4）该品种耐寒、每年果实产量高，产量非常高时果实变小。例如，在不同年份，果实的均重是4.7g、5.6g、5.7g、6.0g。

（5）果实的形状是拉长的梨形，顶端平削，介于卢基扬和优雅之间。果实的颈部比卢基扬更薄，但比优雅更厚，到果梗稍微变窄。果实大小均匀，均重4.7~5.0g，最大为6.0g。果实长32.5cm，宽16.5mm。果实的颜色是深红色，完全成熟时呈黑色，果皮有光泽、密实，果肉多汁、深红色、鲜嫩、味道酸甜。果梗长18mm。果核呈长椭圆形，上端尖，重0.4~0.5g，占果实重量的9.0%~9.5%。

（6）该品种是中晚期成熟品种，果实在8月底至9月中旬成熟。果实附着性强，很少落果。12~15年树龄的植株每棵产量为最多40kg。

（7）在技术成熟期收获的新鲜果实能够在冷库中成熟并保存3~4周，正常情况下在5~7d内不会腐坏。可鲜食也适合各类加工。

图4-54 普里奥尔

4.6.15.9 老基辅（Starokievskiy）（图4-55）

（1）研发者：C.V. 克里湄科，M.E. 因特。

（2）该品种是1965年卡申柯环境驯化园9-15-2×6-1-9品种杂交而来。1966年种子播种，1975年选择苗木。

（3）母本植株高3m，单干，直径12.0cm，宽椭圆形冠，密集，宽

3.5m，叶长8.0~9.0cm，宽4.0~4.5cm，全缘，椭圆细长形，尖端，浅绿色，有褶皱，带有明显的弓形脉，叶柄长1.0~1.1cm。形态上这个品种类似卢基扬，但卢基扬果实更精致，果核更小。

（4）果实大，均重5.6~6.0g，最大7.5~7.8g，长35.0~37.0mm，宽17.0~18.0mm，呈瓶形和梨形，颈部狭窄，果实在一个平面上沿轴线弯曲。果梗长1.5~1.0cm，从侧面附着在果实的中心。成熟的果实是深红色，有光泽。果肉呈红到深红色，靠近果核颜色较浅，多汁，具有独特的山茱萸风味。果核呈纺锤形，细长，末端圆形，稍弯曲，几乎光滑，略带切口，相对较小，长9.0~21.0mm，宽6.5~7.0mm。重0.7g，占果实重量的9.8%~10.8%。

（5）该品种平均成熟日期：开始于8月15—18日，大部分成熟于8月25—9月10日。

（6）该品种耐寒、耐旱。每年结果，结果量稳定。10年树龄的植株收货量22~25kg，15年树龄的植株35~40kg，1997年种植的30年树龄的植株可收获80kg。果实不落果，可在树上保留到9月中旬至9月末。

（7）果实的生化成分：干物质19.9%，糖7.8%，有机酸2.24%，果胶物质0.63%，鞣质0.46%，维生素C 148.0mg/100g，果肉中的花青素74.0mg/100g，果皮中的花青素693.0mg/100g。

（8）成熟的果实适合鲜食，也适合各类加工。

图4-55　老基辅

4.6.15.10 琥珀（Yantarnyi）（图 4-56）

（1）研发者：C. V. 克里湄科，O. N. 涅德维珈，M. E. 因特。

（2）该品种于 1982 年从 1976 年播种的杂交种子自由授粉的实生苗中选育，是 1982 年进入结果的 40 个杂交品种中唯一一个黄色果实的品种，其中 2 个品种结粉红色果实，其余 37 个品种结红色果实。

（3）22 年树龄的母本植株，高 6m，椭圆锥体冠，致密，宽 4m，树冠分枝角 45°~60°，冠中等密度。叶长 6.5~8.3cm，宽 3.2~5.6cm，全缘，椭圆形，细长，与红色果实品种相比，叶子较短，浅绿色，短柔毛，无托叶，果柄长 0.7cm。

（4）果实均重 3.2~3.5g，最大 3.8~4.0g，长 19.5~21.5mm，宽 14.0~16.0mm，琥珀黄色，成熟的果实是透明的，非常漂亮。检查果核和导管，发现果实有条纹，桶形或椭圆柱形，多汁，酸甜，成熟的果实非常甜，果皮薄而结实。果梗的长度 13~15mm。按尺寸来说，果实比红果实品种小，但已经有几个果实较大的克隆品种。果核为纺锤形，奶油粉红色，长 13.9~15.3mm，宽 5.5~6.1mm。果核重 0.4g，是果实重量的 10.5%~12.0%。

（5）该品种为中晚期成熟品种：8 月 18—25 日至 9 月 15—20 日成熟。成熟的果实会落果。应在果实完全成熟前收获，在冰柜内保存 3~4d 可成熟。果实收获量很大。22 年树龄的植株产量为 50~60kg，每年结果。

图 4-56 琥珀

（6）该品种果实的生化成分本质上与红色果实的品种没有显著差异，但糖和果胶物质含量最高：糖 9.6%，果胶物质 1.05%，鞣质和染色物质 0.15%，总酸度 1.7%，干物质 20.3%，维生素 C 121.0mg/100g，果肉中不含花青素，果皮中含花青素 510mg/100g。

（7）成熟的果实非常适合鲜食，加工产品质量高（尤其是用果实的糖分调和的保持原味和原色的鲜果冻，富含维生素及其他物质）。

4.7 五味子

花园 1 号（Sadovyi 1）（图 4-57）

（1）研发者：I. M. 沙伊坦，R. F. 克列耶娃。

（2）国家注册证书编号 543。

（3）该品种的优质实生苗，于 1959 年从伊万诺沃地区和俄罗斯哈巴罗夫斯克边疆区引进的种子育出的苗木中精选而得。1998 年收录在乌克兰植物品种名录中。

（4）母本植株的特点在于枝芽强壮和根蘖数量适中。单叶，完整，暗绿色，长椭圆形和椭圆形，短尖端和楔形根部，穿过叶柄。揉搓时，茎和根部散发着浓烈的柠檬香气。

（5）花总是单性的，雄蕊或雌蕊，呈辐射对称状，单生花被。花瓣为白色，有时乳白色，带粉红色，脆弱，稍厚，蜡状。雄蕊在基部或多或少融合，雌蕊自由地盘旋在花轴上，无花柱，柱头张开。5 月初开花。授粉后，雌花的花托加长，并呈串状。每一串可生长 5~25 个果实，果实呈圆形或稍微拉长的不规则圆形。

（6）果实在 8 月下旬至 9 月初成熟。成熟时，非常多汁，具有独特的口感和香气。果实含有 5.60%~6.13%的糖，20.3~46.0mg/100g 的维生素 C。果实的酸度高，为 4.30%~10.95%。

（7）种子呈大个的肾形，脂肪油含量高，为 33.8%，还含有大量的香精油和五味子素。

图 4-57　花园 1 号

4.8　桃

4.8.1　第聂伯（Dneprovskiy）（图 4-58）

（1）研发者：I. M. 沙伊坦，L. M. 丘普里娜。

（2）国家注册证书编号 2700。

（3）该品种来源于友谊品种桃子播种的第二代。1979 年收录在乌克兰植物品种名录中。

（4）该品种植株非常高大，树冠扶疏，要形成 3~4 枝的碗型冠，需要每年对成果树枝进行仔细修剪。该品种的特点是冬季抗寒力极强。叶子披针形，光滑，长尖。花朵粉红色。3~4 年树龄结果。

（5）果实圆形，个大，均重 100~130g，奶黄色，红晕几乎覆盖了整个果实。腹侧接合处中等深度，在果实顶部有相当大的凹陷。果皮柔软，有柔软的茸毛，很容易从果肉中分离出来。果肉是白色的，非常多汁、甜美，与果核分离。果核中等，呈细长椭圆形，两侧稍微凸起，有一个小尖端。

（6）果实成熟期在 8 月上旬。每棵树结果 40~60kg。

（7）果实糖含量 9.5%~12.0%，有机酸 0.6%。感官评价 4.5 分。

（8）该品种使用非常普遍，推荐用于乌克兰森林草原和草原地区的工业和业余园艺。

图 4-58　第聂伯

4.8.2　友谊（Druzhba）（图 4-59）

（1）研发者：I. M. 沙伊坦，L. M. 丘普里娜。

（2）国家注册证书编号 1601。

（3）该品种是从中国来源的苗木中挑选出来的。1973 年收录在乌克兰植物品种名录中。

（4）该品种植株高大，树冠扶疏或稍扁，需要每年修剪。植物冬季抗寒力极强。叶中等，披针形，光滑，长尖。花朵粉红色。3~4 年结果。

（5）果实圆润，个大，均重 140~160g，经常达到 250g，腹侧接合明显，特别是在果实顶部。背侧宽、光滑。顶部圆。果皮薄而嫩，有弹性，茸毛不显眼，容易与果肉分离。主要颜色为奶黄色，有线条状和点状红晕，红晕约占果实的一半。果肉是白色的，非常多汁、香甜、味好，易离核。果核大，宽椭圆形，圆形基部。果核的两侧沟槽凹陷，凹槽拱状，较深。该品种平均成熟日期在 8 月中旬。

（6）单株产果量 45~50kg。含糖量为 10.0%~13.5%，有机酸含量为 0.5%。品尝评价 5 分。

（7）该品种使用非常普遍，被推荐用于乌克兰森林草原和草原地区的业余园艺。

图 4-59　友谊

4.8.3 森林草原（Lesostepnoy）（图 4-60）

（1）研发者：I. M. 沙伊坦，L. M. 丘普里娜。

（2）国家注册证书编号 4。

（3）该品种为第聂伯与舍甫琴科记忆的杂交品种。1993 年收录在乌克兰植物品种名录中。

（4）该品种植株长势中等，需要将其修剪成碗型冠，并且每年要对成果树枝进行仔细修剪。植物冬季抗寒力极强。叶中等，披针形，光滑，长尖。花朵粉红色。3~4 年结果。

（5）果实均重 110~140g，圆形或椭圆形，从侧面看略平，果实非常漂亮。腹侧接合处中等深度。主要颜色是淡奶油色，线条状和点状红晕几乎覆盖了整个果实。果皮密质，与果肉微弱分离，茸毛中等。果肉白色，多汁，酸甜可口，味道好，与果核分开。果核中等大小，重 5~6g。成熟期早，在 7 月中旬。

（6）收获量大，单株产量 30~50kg。糖含量为 9.5%~10.0%，有机酸含量为 0.7%。品尝评价 4.5 分。

（7）果实可鲜食，也可做罐头。

图 4-60　森林草原

4.8.4 宠儿（Liubimets）（图 4-61）

（1）研发者：I. M. 沙伊坦，L. M. 丘普里娜，I. K. 库德林科。

（2）国家注册证书编号 1345。

（3）该品种为尼基塔与斯拉乌吉契的杂交品种。2001 年收录在乌克兰植物品种名录中。

（4）该品种植株长势中等，每年要对成果树枝进行仔细修剪。植株冬季抗寒力极强。叶披针形，光滑，长尖。花朵粉红色。3~4 年结果。

（5）果实大，均重 150~170g，椭圆形。茸毛中等。果皮密实，中等厚度，奶黄色，深粉色红晕，占果实的 1/3，易与果肉分离。果肉呈黄色，多汁，略带软骨，味甜，酸度宜人，味道品质高。果核中等，离核。子室浅红色。中期成熟品种，在 8 月中旬成熟。

（6）该品种高产，单株可产 50~70kg，糖含量为 8.7%~11.0%，有机酸含量为 0.6%。品尝评价 5 分。

（7）该品种果实使用普遍。

图 4-61　宠儿

4.8.5 基辅油桃（Nektarin kievskiy）（图 4-62）

（1）研发者：I. M. 沙伊坦，L. M. 丘普里娜。

（2）国家注册证书编号 3804。

（3）该品种来源于中国自由授粉的种子。1984 年收录在植物品种名录中。

（4）该品种植株长势中等，圆形冠，需要将其修剪成碗型冠，并且每年要对成果树枝进行仔细修剪。叶披针形，光滑，长尖。花朵粉红色。3~4 年结果。

（5）果实圆润，中等大小，均重 60~80g，果皮光滑，呈黄橙色，线条状和点状的红晕几乎覆盖了整个果实，这使其外观极为吸引人。果肉橙色，果核附近有红色纹理，味甜，多汁，酸度宜人，味道鲜美。果核中等大小，果肉半离核。果实成熟时间在 8 月上旬。

（6）单株产量为 20~30kg。该品种适合运输，在正常条件下可储存 6~8 天。糖含量为 8.0%~8.7%，有机酸含量为 1.0%~1.6%。品尝评价 4.5 分。

（7）该品种果实使用普遍。

图 4-62　基辅油桃

4.8.6 奥克萨米托维（Oksamytovyi）（图 4-63）

（1）研发者：I. M. 沙伊坦，L. M. 丘普里娜。

（2）国家注册证书编号 1333。

（3）该品种为 4-CP-9 卡申科与维纳斯之胸的杂交品种。2001 年收录在乌克兰植物品种名录中。

（4）该品种植株长势中等，树冠扶疏，需要将其修剪成 3~4 枝的碗型冠，并且每年要对形成果实的树枝进行仔细修剪。植株冬季抗寒力极强。叶披针形，光滑，长尖。花朵粉红色。3~4 年结果。

图 4-63 奥克萨米托维

（5）果实中等，均重 100~110g，圆形，奶油色，红晕几乎覆盖整个果实。果皮薄而有弹性，茸毛松软，容易与果实分离。腹侧缝合处有一个小凹槽，穿过果实的顶部。背部光滑。果肉奶白色，多汁，味甜，口感质量高，离核。果核很小，均重4~5g，圆形或略伸长到顶部。成熟时间在8月初。

（6）产量高，单株达30~50kg。糖含量为12.7%~15.0%，有机酸含量为0.6%。品尝评价4.7分。

（7）该品种果实使用普遍。

4.8.7 格里什科记忆（Pamiat Gryshko）（图4-64）

（1）研发者：I. M. 沙伊坦，L. M. 丘普里娜。

（2）国家注册证书编号1334。

（3）该品种为杂交品种是43×斯拉乌吉契。2001年收录在乌克兰植物品种名录中。

（4）该品种植株长势中等，冠扶疏，需要将其修剪成3~4枝的碗型冠，并且每年要对成果的树枝进行仔细修剪。植物冬季抗寒力极强。叶披针形，光滑，长尖。花朵粉红色。3~4年结果。

图4-64 格里什科记忆

（5）果实大，均重110~130g，椭圆形，黄色，有线条状与点状的红晕。果皮致密，易与果肉分离。腹侧缝合几乎不明显。黄色果肉，多汁，甘甜宜人，味道品质高。果实成熟时间为 8 月底。果核中等大小，长椭圆形，侧面扁平，沟纹结构。

（6）产量高，单株达 30~40kg，糖含量为 9.7%~12.0%，有机酸含量为 0.5%。品尝评价 5 分。

（7）该品种果实可鲜食，也可制作罐头以及干果。

4.8.8 舍甫琴科记忆（Pamiat Shevchenko）（图 4-65）

（1）研发者：I. M. 沙伊坦，L. M. 丘普里娜。

（2）国家注册证书编号 2535。

（3）该品种是波列斯基与金婚的杂交品种。1978 年收录在乌克兰植物品种名录中。

（4）该品种植株长势中等。要形成 3~4 枝的碗状树冠的最佳造型，需要每年对结果树枝进行仔细修剪。叶中等，披针形，光滑，长尖。花朵粉红色。3~4 年结果。该品种的特点是冬季抗寒力极强。

图 4-65 舍甫琴科记忆

（5）果实长椭圆形，侧面稍微扁平，大小适中，均重 80~100g。腹侧接合处明显，向果实顶端渐深。果皮薄而有弹性，有柔软茸毛，易离核。

果实主要是奶白色，有模糊的红晕。果肉白色，多汁，果味酸甜，口味品质高。果核中等大小，椭圆形，顶端有一个小尖端，容易与果肉分离。果实成熟时间在 8 月中旬。

（6）10~15 年树龄的植株可产 30~50kg，糖含量为 10.5%~11.5%，有机酸含量为 0.7%~0.8%。品尝评价 5 分。

（7）该品种果实可鲜食，也可制作糖水水果、带果肉的果汁以及果干。

4.8.9 基辅礼物（Podarok Kieva）（图 4-66）

（1）研发者：I. M. 沙伊坦，L. M. 丘普里娜。

（2）国家注册证书编号 150。

（3）该品种是 5 与友谊的杂交品种。1993 年收录在乌克兰植物品种名录中。

（4）该品种植株长势中等，需要每年对成果树枝进行仔细修剪。叶中等，披针形，光滑，长尖。花朵粉红色。3~4 年结果。

图 4-66 基辅礼物

（5）果实相当大、圆润，均重 130~150g，腹部接合处较浅，超过果实顶部。果皮薄而嫩，肉质柔软，有柔软的茸毛。奶白色，在顶部甚至果实中部有粉红色和深红色的点状和实心线条状的红晕。肉白，多汁，酸甜可口，味道好，离核。果核中等大小，椭圆形，顶端明显凸出，沟纹结构。果实成熟时间在 7 月底至 8 月上旬。

（6）每棵树产量可达 30～50kg，糖含量为 10.0%～12.0%，有机酸含量为 0.5%～0.6%。品尝评价 5 分。

（7）该品种果实可鲜食，也可制作罐头。

4.8.10 玫瑰红（Rumianyi）（图 4-67）

（1）研发者：I. M. 沙伊坦，L. M. 丘普里娜，R. F. 克列耶娃。

（2）国家注册证书编号 1600。

（3）该品种起源于中国品种。1973 年收入在乌克兰植物品种名录中。

（4）该品种植株非常高大（高 4.0m，宽 3.5m），扶疏冠，需要将其修剪成 3～4 枝的碗型冠，并且每年要对成果树枝进行仔细修剪。叶中等，披针形，光滑，长尖。花朵粉红色。3～4 年结果。

图 4-67　玫瑰红

（5）果实圆形，大，均重 110～130g，个别达到 150g。腹侧接合处明显。果皮薄，易与果肉分离。颜色为奶黄色，点状红晕几乎覆盖了整个果实，向光面的红晕更为明显。果肉乳白色，靠近果核处呈淡粉色，非常多汁，香气浓郁，口感好。果核中等大小，卵圆形，离核，底部无棱角，顶端有较短尖端。该品种成熟时间在 8 月上旬。

（6）单株产量为 45～50kg。该品种的特点是极其耐寒，糖含量为 10.0%～11.0%，有机酸含量为 0.6%。品尝评价 5 分。

（7）该品种果实可鲜食、制作罐头以及果干，被推荐用于乌克兰森林草原和草原地区的工业和业余园艺。

4.8.11 斯拉乌吉契（Slavutich）（图 4-68）

（1）研发者：I. M. 沙伊坦，L. M. 丘普里娜，R. F. 克列耶娃。

（2）国家注册证书编号 3805。

（3）该品种由 51 与友谊杂交而得。1984 年收录在乌克兰植物品种名录中。

（4）该品种植株长势中等。树冠扶疏，要形成 3～4 枝的碗状树冠的最佳造型，需要每年对结果树枝进行仔细修剪。叶中等，披针形，光滑，长尖。花朵粉红色。3～4 年结果。花朵中等大小，粉红色。

（5）果实圆润，均重 80～90g，从侧面看稍扁。腹侧接合处中等深度。果实呈黄色，有鲜艳的红晕。果皮嫩，中等长度柔毛，果皮易剥除。果肉黄色，多汁，口味好。果核椭圆形，中等大小，尖，沟纹结构，易离核。果实成熟时间为 8 月中旬。

（6）该品种产量高，每棵树达 30～50kg，特点是产量稳定、抗寒性强。糖含量为 8.0%～10.0%，有机酸含量为 0.4%～0.5%。品尝评价 5 分。

（7）该品种果实可鲜食、制作罐头以及果干。

图 4-68 斯拉乌吉契

4.8.12 慷慨（Schedryi）（图 4-69）

（1）研发者：I. M. 沙伊坦，L. M. 丘普里娜。

（2）国家注册证书编号 1332。

（3）该品种是友谊与 183 卡申科的杂交品种。2001 年收录在乌克兰植物品种名录。

（4）该品种植株长势中等。扶疏冠，要形成 3~4 枝的碗状树冠的最佳造型，需要每年对结果树枝进行仔细修剪。叶中等，披针形，光滑，长尖。花朵粉红色。3~4 年结果。

（5）果实很大，均重 100~120g，圆形，深粉色红晕。腹侧接合处不太明显。果皮易与果肉分离。肉白，多汁，味酸甜，口味好。果核中等，圆形，尖端明显，易与果肉分离。成熟时间在 9 月上旬。

（6）产量高，每株达 35~50kg。该品种极其抗寒。糖含量为 8.7%~11.0%，有机酸含量为 0.6%。品尝评价 4.5 分。

（7）该品种果实可鲜食，也可制作罐头与果干。

图 4-69　慷慨

4.9　木瓜

4.9.1　日本木瓜（倭海棠）

4.9.1.1　维他命（Vitaminnyi）（图 4-70）

（1）研发者：C. V. 克里湄科，O. N. 涅德维嘉。

（2）国家注册证书编号 1223。

（3）该品种是从精选的自由授粉类型的种子混合所得的苗木中选育出来的。1999 年收录在乌克兰植物品种名录。

（4）该品种特点是产量稳定，结果丰硕，可加工（密集灌木，疏枝，果实易分离），维生素 C 含量高。灌木密集，体积小。枝条笔直。叶均匀圆齿，浅绿色，无毛，椭圆形，到顶端逐渐变尖。花朵颜色是典型的日本木瓜的粉红色。开花量极大。

（5）该品种果实很大，均重 98g，圆形或扁平状，有独特的近似碗状凹槽，亮黄色，非常香。果皮光滑、油亮。成熟期在 9 月中旬至 10 月底。

（6）每株产量为 4～5kg。果实中含有：干物质 16.5%，果胶 2.7%，维生素 C 361mg/100g（鲜重）。

（7）该品种可用于加工高维生素产品，适合在业余园艺中种植。

图 4-70 维他命

4.9.1.2 圆面包（Karavaevskiy）（图 4-71）

（1）研发者：C. V. 克里湄科，O. N. 涅德维嘉。

（2）国家注册证书编号 1224。

（3）该品种是从精选的自由授粉类型的种子混合所得的苗木中选育出来的。1999 年收录在乌克兰植物品种名录。

（4）该品种的特点是产量高，灌木生长旺盛，生命力极强。灌木很大，枝条直立、无刺。叶均匀圆齿，浅绿色，无毛，椭圆形，到顶端逐渐变尖。花朵颜色是典型的日本木瓜的橙色。开花量极大。

（5）果实很大，均重 74g，平截圆形或短圆柱形，具有独特的宽碗状凹洼。淡黄绿色，香味浓郁。果皮光滑，略带油性。成熟期为 9 月中旬至 10 月底。

（6）单株灌木产量为 4～5kg。果实中含有：干物质 16%，有机酸 3.5%，果胶 4.1%，维生素 C 329mg/100g（鲜重）。

（7）该品种可用于加工高维生素产品，适合在业余园艺中种植，也可用于绿化受到破坏的坡面。

图 4-71　圆面包

4. 9. 1. 3　橙色（Pomaranchevyi）（图 4-72）

（1）研发者：C. V. 克里湄科，O. N. 涅德维嘉。

（2）国家注册证书编号 1225。

（3）该品种是从精选的自由授粉类型的种子混合所得的苗木中选育出来的。1999 年收录在乌克兰植物品种名录。

图 4-72　橙色

（4）该品种的特点是产量适中、稳定，工艺性强，生命力强。灌木丛紧凑，中等大小，枝条直立、无刺。叶均匀圆齿，浅绿色，无毛，椭圆形，到顶端逐渐变尖。花朵白粉红色，多瓣。开花量大。

（5）果实均重 60g，扁平或长圆锥形，漂亮的亮黄色，非常芳香。果皮光滑、油亮。成熟期为 9 月中旬至 10 月底。

（6）每株灌木产果 4～5kg。果实中含有：干物质 17.6%，果胶 2.4%，维生素 C 202mg/100g（鲜重）。

（7）该品种可用于加工高品质的高维生素产品，尤其适合在业余园艺中种植，也可用于绿化受到破坏的坡面。

4.9.1.4　黄水晶（Cutrinovyi）（图 4-73）

（1）研发者：C. V. 克里湄科，O. N. 涅德维嘉。

（2）国家注册证书编号 1226。

（3）该品种是从自由授粉类型的精选种子混合物获得的苗木中选出来的。1999 年收录在乌克兰植物品种名录。

图 4-73　黄水晶

（4）该品种的特点是高产，大果，工艺性强。灌木丛隆起，中等大小，枝条无刺。果实易分离。叶均匀圆齿，浅绿色，无毛，椭圆形，到顶端逐渐变尖。花朵淡粉色，开花量很大。

（5）果实大，均重 72g，苹果形，圆锥形，向上拉紧，绿黄色，非常芳香。成熟期为 9 月中旬至 10 月底。

（6）每株灌木结果 4～5kg。果实中含有：干物质 15.5%，糖 3.5%，果胶 2.4%，维生素 C 346mg/100g（鲜重）。

（7）该品种可用于加工高品质的高维生素产品，尤其适合在业余园艺中种植。

4.9.2 准备进行品种试验的品种

4.9.2.1 阿廖沙（Alesha）（图 4-74）

（1）研发者：C.V. 克里湄科，A.P. 库斯托夫斯基，O.V. 格里戈里耶娃。

（2）该品种由日本木瓜（日本木瓜属）与极品木瓜（皱皮木瓜属）中的自由授粉苗木选育而来。

图 4-74 阿廖沙

(3) 灌木丛很高，达1.5~1.8m，强壮，密集，有刺枝。叶不均匀圆齿，部分有锯齿，革状，有光泽，深绿色，卵形、椭圆形，到顶端逐渐变尖。花朵颜色是典型的日本木瓜的橙色，开花量极大。

(4) 果实圆柱形，绿黄色，白色斑点，果实相当大，均重50~120g，水果高度5.5~7.0cm，宽度5.0~5.9cm。果实密集地长在枝条上，形状和大小各不相同。成熟期为9月中旬至10月。

(5) 每棵植株可结果5~7kg。

4.9.2.2 双柄瓶（Amfora）（图4-75）

(1) 研发者：C.V. 克里湄科，O.V. 格里戈里耶娃。

(2) 该品种是从自由授粉的优良木瓜品种的实生苗中挑选出来的。

(3) 灌木直径宽1m，高度可达1.2~1.5m，枝条直立，叶冠紧密，叶茂密。叶片漂亮有光泽，深绿色，椭圆形。花单瓣、橙红色。

(4) 果实呈原始瓶状，有绿黄色和白色圆点，均重40~50g，有些年份可达80~120g。果实密集地分布在灌木丛上。果实成熟日期为9月中旬至10月底。

(5) 每株灌木产量为5~6kg。

图4-75 双柄瓶

4.9.2.3 乌什卡尼·斯维特拉娜（Vushykanyi Svitlanu）（图4-76）

(1) 研发者：C.V. 克里湄科。

（2）该品种是从 Moerlosei 品种种群中自由授粉的实生苗中选育而得的。

（3）灌木不高，1.0~1.2m，紧凑，几乎没有刺。叶有锯齿、圆齿，倒卵形，典型的日本木瓜浅绿色。花白色、粉红色，花冠中间是白色，整个花被是粉红色，在大量开花期间，灌木是白色、粉红色，非常具有观赏性。

图 4-76　乌什卡尼 · 斯维特拉娜

（4）果实小，均重 30~50g，原始形状，圆形，略扁平，有棱纹，奶油橙色。成熟期为 9 月初至 10 月中旬。

（5）每棵灌木可结果 3~4kg。

4.9.2.4　圣诞节期（Sviatkovyi）（图 4-77）

（1）研发者：C. V. 克里涓科，O. V. 格里戈里耶娃。

（2）该品种是从法国品种 Nivalis 自由授粉的实生苗中挑选出来的。

（3）灌木高 1.2~1.5m，松散的椭圆形球冠。叶长，有锯齿，披针形（贴梗海棠属的特征）。花白色、单瓣。

（4）果实椭圆柱形，亮黄色，非常漂亮，均重 40～50g，在某些年份质量更大。在开花和结果期间植株非常漂亮。果实成熟期为 9 月中旬至 10 月底。

（5）每棵灌木可结果 3～4kg。

图 4-77　圣诞节期

4.9.2.5　扬（Yan）（图 4-78）

（1）研发者：C. V. 克里湄科，O. V. 格里戈里耶娃。

（2）该品种是从优良木瓜品种种群自由授粉的幼苗中选择的。

（3）灌木不高，高达 1.0m，扶疏状，宽达 1.5m。叶长，有锯齿，披针形。花朵鲜红，开花量大。

（4）果实是苹果形的，在花萼附近有一个小突起，原始颜色，与其他品种不同，有淡粉色的红晕，表面油亮，均重 35～40g，在一些年份，果实质量更大。果实成熟期为 9 月中旬至 9 月底。

（5）每株灌木可结果 3～4kg。

图 4-78 扬

4.9.3 国家植物园育种的木瓜品种的果树特性和生化特征

乌克兰国家植物园进行木瓜育种工作已有50多年。国家植物园收集的品种非常多样，在该部门收集的木瓜品种有以下几个代表：日本木瓜、皱皮木瓜、傲大贴梗海棠、毛叶木瓜和许多杂交品种，主要用于产果和观赏。

国家植物园的木瓜基因库很大，繁殖潜力强。外来品种皱皮木瓜、傲大贴梗海棠丰富了木瓜品种，特别是法国品种 Nivalis（皱皮木瓜属）和品种 Simonii（皱皮木瓜属）。植株不高，开花量大，极具观赏性。比利时品种 Moerlosei（皱皮木瓜属），美国品种是 Crimson 和 Gold（傲大贴梗海棠属）。所有品种都极具观赏性，尤其是生长在砧茎上的品种。

乌克兰植物品种名录中收录的国家植物园育种的木瓜品种的果树特性和生物化学特征见表 4-6 和表 4-7。

表 4-6 乌克兰国家植物园木瓜品种果树特性

品种	果实			中果皮厚度/mm	种子		油性	气味
	质量/g	高度/cm	宽/cm		单果数量/颗	千颗种子重量/g		
维他命	98. 1±3. 6	6. 2±0. 6	6. 0±0. 1	11. 3±0. 2	65. 0±3. 1	47. 7±0. 5	5. 0	5. 0
圆面包	73. 7±4. 1	5. 2±1. 1	5. 3±0. 9	9. 6±0. 1	64. 8±9. 1	47. 1±0. 7	3. 3	4. 0

续表

品种	果实			中果皮厚度/mm	种子		油性	气味
	质量/g	高度/cm	宽/cm		单果数量/颗	千颗种子重量/g		
橘子	64.5±1.8	4.8±0.8	5.0±0.4	10.2±0.2	76.8±4.9	39.6±0.7	4.5	4.3
黄水晶	72.1±3.3	5.9±0.1	5.1±0.8	9.5±0.1	71.4±6.1	55.6±0.5	4.8	5.0

表 4-7　乌克兰植物品种名录中木瓜品种的生化特征

品种	干物质/%	糖/%	有机酸/%	鞣质/%	果胶物质/%	维生素C/(mg/100g)	胡萝卜素/(mg/100g)	
							果皮	果肉
维他命	12.5	3.2	3.5	0.20	2.69	360.8	38.6	15.4
圆面包	16.3	4.1	2.9	0.62	2.53	228.4	8.3	2.7
橘子	17.6	4.2	2.7	0.74	1.67	202.6	20.7	12.4
黄水晶	15.5	3.5	3.2	0.52	2.92	346.3	20.0	10.2

木瓜果实均重70~100g，中果皮厚度为9.0~11.0mm。对于结果品种来说，增加中果皮厚度和减少果实的种子数量是非常有前景的；对于观赏品种来说，这些数据意义较小。

经过多年的培育，世界上共有木瓜500多个品种（分布于比利时、荷兰、英国、美国、法国、日本等国家），大部分都是观赏品种。我们最熟悉的是荷兰和美国的育种品种，这些品种非常适合在乌克兰栽种。

木瓜按花瓣的颜色、重瓣度可以分为多个品种。花朵有5个主要的颜色类别：白色、白粉红色、粉色、橙色和红色。在每个品种内，通过色度和花的结构可细分为单瓣、双瓣、多瓣。

著名的美国科学家S. 韦伯在其关于木瓜品种的著作《木瓜属中栽培品种》中写道，西梅伦基亚纳品种由著名的乌克兰科学家、果树学家L. P. 西米连科于1888年在戈罗季谢的苗圃中培育出来。这是一种皱皮木瓜，该品种叶子为白色，花朵为单红色。L. P. 西米连科培育了20多年。遗憾的是，这个品种没有被保存下来。

我们简要介绍一下国家植物园收集的外国育种品种。

金红（傲大贴梗海棠属）：美国品种。育种家：V. 克拉克。灌木高1m，枝条多刺。花朵中等大小，深红色，比其他品种颜色更深，单瓣。这个名字来自花瓣颜色的组合，它有红色和金黄色的雄蕊。果实卵形，绿黄色，重40~70g。

霍兰迪亚（傲大贴梗海棠）：荷兰品种。育种家：K. Verboon。该品种是从未知的傲大贴梗海棠杂交品种 Simonii 的苗木中得到的。花朵鲜红色，单瓣，果实呈苹果状，中间凹陷。

Moerloosei（皱皮木瓜）：比利时育种品种。灌木高 1.5~1.8m，枝条直立，弱刺。花大，单瓣，白粉红色。果实呈梨形，绿色，果皮干燥，重60~100g，A. Papeleu 命名。原来的名称为 Moerloosii，后来改为 Moerloosei。

Nivalis（皱皮木瓜）：法国育种品种。高 1.5~2.0m，球形冠。花朵中等，白色，单瓣，植株在大量开花期间非常美观。果实呈苹果形，黄色，漂亮，果皮干燥，重40~70g，结果量大，果实同时成熟，挂枝时间长，香气浓郁。

Simonii（皱皮木瓜）：法国品种，种植在西蒙路易斯苗圃。灌木高1.0~2.0m，枝扶疏多刺。花朵大，深红色，单瓣，开花期间色彩鲜艳。果实不大，重 30~40g。

对木瓜的国家植物园育种品种以及外来品种的营养器官和生殖器官形态参数进行研究，结果显示，木瓜的形态特征具有多态性，并确定了其变率范围（表 4-8、表 4-9）。

表 4-8　国家植物园育种品种及外来品种木瓜的果实尺寸变率

品种	果实长度				果实直径			
	最小/mm	最大/mm	$M \pm m$/mm	V/%	最小/mm	最大/mm	$M \pm m$/mm	V/%
国家植物园育种品种								
阿克利马萨多夫斯基	44.83	65.01	56.42±4.68	8.29	35.42	53.38	47.30±4.98	10.53
阿廖沙	51.7	59.03	54.70±1.99	3.65	50.34	56.82	53.89±1.71	3.17

续表

品种	果实长度				果实直径			
	最小/mm	最大/mm	$M\pm m$/mm	V/%	最小/mm	最大/mm	$M\pm m$/mm	V/%
国家植物园育种品种								
双柄瓶	51.97	66.69	59.06±4.56	7.72	32.98	47.08	39.63±4.24	10.70
轻巧	33.38	42.75	38.95±2.74	7.05	33.87	41.29	38.27±1.90	4.98
扬	34.42	40.56	37.63±1.60	4.25	35.18	40.36	38.00±1.32	3.48
外来品种								
金红	38.81	46.82	43.21±2.30	5.34	42.4	48.61	45.83±2.07	4.51
霍兰迪亚	38.02	48.79	45.76±3.69	8.06	40.34	48.26	44.96±2.81	6.25
金王	36.93	70.98	52.51±8.55	16.29	36.78	60.16	48.01±6.10	12.71
尼瓦利斯	36.59	45.66	42.30±2.85	6.75	41.06	50.17	45.51±2.87	6.31
西蒙尼	35.1	69	43.44±7.14	16.44	33.27	43.9	37.66±2.56	6.81

表 4-9 国家植物园育种品种及外来品种木瓜的果实重量变率

品种	果实重量			
	最小/g	最大/g	$M\pm m$/g	V/%
国家植物园育种品种				
阿克利马萨多夫斯基	30.0	93.6	67.34±17.17	25.50
阿廖沙	27.4	97.2	82.14±19.07	23.21
双柄瓶	24.0	50.8	36.50±7.41	20.32
轻巧	26.6	41.9	33.33±4.47	13.43
扬	25.4	34.2	28.78±2.19	7.61
外来品种				
金红	39.1	54.4	46.23±5.22	11.31
霍兰迪亚	32.8	56.1	44.36±8.22	18.53
金王	23.3	96.2	53.00±22.79	43.00
尼瓦利斯	40.2	70.8	50.17±9.54	19.02
西蒙尼	20.1	41.3	29.72±5.96	20.07

营养器官和生殖器官的数量特征证明：种内变率非常显著，且分析育种与综合育种的可能性很大（表 4-10）。

表 4-10　国家植物园育种品种及外来品种木瓜的子室尺寸变率

品种	长度				宽度			
	最小/mm	最大/mm	M±m/mm	V/%	最小/mm	最大/mm	M±m/mm	V/%
国家植物园育种品种								
阿克利马萨多夫斯基	17. 31	31. 69	26. 55±3. 30	12. 46	15. 67	28. 81	24. 24±3. 24	13. 38
阿廖沙	25. 96	32. 04	29. 20±2. 32	7. 95	26. 66	34. 2	29. 47±1. 87	6. 36
双柄瓶	35. 61	51. 71	42. 13±4. 38	10. 40	18. 52	27. 17	21. 89±2. 62	11. 98
轻巧	15. 57	21. 14	17. 48±1. 73	9. 94	16. 19	21. 95	19. 99±1. 71	8. 56
扬	18. 20	24. 96	21. 81±1. 67	7. 68	22. 12	25. 55	23. 74±0. 92	3. 90
外来品种								
金红	21. 18	28. 69	24. 13±2. 18	9. 04	42. 4	52. 51	46. 45±2. 47	5. 32
霍兰迪亚	19. 22	27. 85	23. 67±2. 77	11. 70	17. 46	27. 66	24. 77±2. 62	10. 57
金王	24. 58	56. 00	34. 84±7. 52	21. 60	16. 75	38. 12	26. 29±5. 43	20. 67
尼瓦利斯	17. 01	26. 02	21. 33±2. 32	10. 87	22. 82	28. 88	24. 59±2. 01	8. 19
西蒙尼	16. 80	35. 00	25. 82±4. 00	15. 51	16. 88	25. 45	21. 50±2. 15	10. 02

评估变率时使用变异系数，在其数值基础上，确定出变率水平为极低、低、中、高、高和极高。

研究的大多数特征为：果实的长度和直径、子室的长度和宽度、种子的长度和宽度。这些特征相较于果实内的种子数量，相对稳定且更不易变。叶柄的长度和厚度、果实的重量取平均值。在国家植物园的其他品种中，轻巧和扬的果实变率不大，而其他品种则相当高。

研究结果显示，在不同的品种中，营养器官和生殖器官的大小和形态之间有显著相关性。通常，日本木瓜品种的特点是冠、花朵、果实、叶子的常态数值较小，但是国家植物园的日本木瓜品种的果实相当大。

主要经济价值特征的变化范围在很大程度上由基因型变异性决定。同时，根据气候条件，果实和营养器官的大小数值每年都有所不同。

傲大贴梗海棠和皱皮木瓜的数量指标略高于日本木瓜（表 4-11）。

表 4-11 国家植物园育种品种和外来品种木瓜的单果种子数量变率

品种	每个果实中的种子数量			
	最小/颗	最大/颗	M±m/颗	V/%
国家植物园育种品种				
阿克利马萨多夫斯基	10	60	41.66±15.50	37.21
阿廖沙	82	127	109.63±12.91	11.78
双柄瓶	33	78	55.81±15.29	27.40
轻巧	16	36	23.71±6.04	25.48
扬	37	77	57.50±11.51	20.02
外来品种				
金红	16	80	46.18±18.03	39.03
霍兰迪亚	38	78	60.38±13.24	21.93
金王	30	79	21.87±19.88	12.81
尼瓦利斯	12	30	20.55±5.85	28.48
西蒙尼	8	27	15.70±4.86	30.98

果肉厚度小、子室大以及种子量大证明，木瓜长期作为漂亮的开花植物而非结果植物，引起了育种专家们的兴趣。

国家植物园进行育种工作，将木瓜引入经济作物的主要任务是产量——选出的类型单株灌木可结果 4～5kg，个别年份可达 7kg；优选的大果品种果实可达 60～98g，个别最大的可达 120～150g。进一步的工作必须要减小子室大小和种子数量，增加中果皮的厚度，这可以使果肉产量增加到 88%～90%。灌木的密度大、枝无刺、果实易采摘，以及其他育种计划中包含的特征是宝贵的经济特征。育种计划最有价值的特征之一是果实生化成分极其丰富多样。

4.10 大果樱桃李

基辅杂交樱桃李（Kievskaia gibridnaia）（图 4-79）

（1）研发者：И. М. 沙伊坦，Л. М. 丘普里娜。

（2）国家注册证书编号 1335。

（3）该品种为瓦西里耶夫与甜食的杂交种。2001 年起收录在乌克兰植物品种名录中。

（4）植株中等大小，生长迅速，半球形树冠，对栽培条件要求不高。

图 4-79　基辅杂交樱桃李

（5）果实大小一致，均重 20~25g，圆形，紫红色。果皮薄厚适中，微被蜡粉。果肉深奶油色，多汁易化，酸甜可口，糖含量为 5.7%，有机酸含量为 0.96%。品尝评价为 4.0~4.5 分。果核中等大小，椭圆形，易与果肉分离。植株的特点是具有极强的抗寒性。该品种成熟期早，基辅条件下在 7 月上半月成熟。

（6）单株收成稳定，达 40~70kg。果实鲜食或用于加工。

5 栽培技术

5.1 杏

（1）建园。

选择土层深厚、土壤肥沃、灌排良好的砂壤土建园。涝洼地、重盐碱地和重茬地不宜建园。

（2）栽植密度。

栽植株行距：在平原地 3m×（4~5）m，在丘陵山地 2m×（3~4）m。

（3）水肥管理。

结合秋季施基肥，进行深翻，翻耕深度为 60~80cm。土壤深翻后施入充分腐熟的有机肥，每 666.7m^2 可施入 2000~3000kg，施肥后灌足水。生长期要保证 3 次追肥：开花前，以氮肥为主，每株 0.25kg；结果期，以复合肥为主，每株 0.5kg；果实采收后，以含氮量高的复合肥为主，每株 0.25kg；如果生长期出现明显的缺肥现象，也可随时进行叶面喷肥。

杏树全年应保证 4 次关键水，即花前水、硬核水、膨大水和封冻水。雨季应及时排水。

（4）整形修剪。

杏树幼树修剪时，以短截为主。除影响整形的枝条外，其余枝条尽量不修剪，等到整形基本完成，树枝影响光照时再逐步清理。结果树修剪时，初结果期修剪，强旺枝剪留 2/3，中庸枝剪留 1/2，弱枝剪留 1/3，极弱枝重短截。盛果期修剪，注意改善冠内光照，及时更新复壮结果枝组。拖地枝以及结果能力极弱的枝全部疏除，达到树体高度后落头开心，并疏除树冠上部大枝。疏除冠内交叉枝、重叠枝、严重挡光的下垂枝。

（5）花果管理。

花期如遇低温、阴雨、大风等不良天气，应进行人工授粉。结合人工授粉，同时疏除过多花芽和晚开的劣质花。盛花期喷 0.2%硼酸或 0.3%硼砂。疏果时间通常在谢花后 20~25 天。强旺枝宜多留果，弱枝宜少留，留果间距以 5~8cm 为宜。每 666.7m^2 产量控制在 2500~3000kg 较为适宜。

（6）采收。

用于鲜食远距离运输或用作加工罐头、杏脯的果实，应在 8 成熟时采收。供应当地或邻近地区市场时，应在完全成熟时采收。用来加工杏干、杏酱、果汁、蜜饯的果实，应在充分成熟的果肉未软化时采收。

（7）病虫害防治。

早春发芽前 3~5 天全树喷洒石硫合剂，铲除越冬病虫源。谢花后 10 天喷洒多菌灵 800 倍液或代森锰锌 800 倍液，防治疮痂病。加强土肥水管理，雨季及时排水，刮除流胶，然后用石硫合剂进行伤口消毒，再涂蜡或煤焦油保护，防治流胶病。花芽膨大期喷洒吡虫啉 4000~5000 倍液，发芽后喷洒吡虫啉 4000~5000 倍液和氯氰菊酯 2000~3000 倍液，坐果后可用蚜灭净 1500 倍液防治桃蚜和杏仁蜂。

5.2 榅桲

（1）建园。

榅桲树对土壤要求不严格，砂土、壤土、黏土都可以栽培。pH 值在 5.0~8.5 均可，但以 5.5~6.5 为最佳。由于榅桲属于深根性果树，且根的水平伸展力强，对于土层较瘠薄的园地最好先实行壕沟改土或大穴定植，才能获得最佳的产量与品质。就地势而言，山地、平地或丘陵均可。在沿海地区和山区应注意适当避风或设置防风林。

(2) 整形修剪。

在整形上，采用主干双层形，树高控制在4m左右，全树留5个主枝，第一层主枝3个，其中1个顺行向延伸，另2个斜行向延伸，不能垂直行间。第二层主枝2个，以对生为好，并要求垂直伸向行间，与下层主枝插空排列，为下层让开光路。层间距离1~1.2m。下层每主枝留2~3个侧枝，上层每主枝留1~2个侧枝。第一个侧枝与主干距离40cm为宜，侧枝间相互距离40cm左右，主枝角度60°~70°，腰角50°~60°，侧枝与主枝夹角约50°。

榅桲发枝力强、成枝力弱，以短果枝结果为主。结果枝数量的合理布局是获得高产、稳产的关键，对容易成花的品种，可采用先短截后放或短截回缩的方法。对不易成花的品种，可以先长放后回缩，培养结果枝。对盛果前期和进入盛果期的树，对结果枝组进行精细修剪，同一枝组内应保留预备枝，轮换更新，交替结果，控制结果部位外移。要充分利用轻剪长放和短剪回缩，调节和控制枝组内和枝组间的更新复壮与生长结果，使其既能保持旺盛的结果能力，又具有适当的营养生长量。盛果期应加重冬剪，使内膛和下部枝培养丰满后，再轮换交替结果，同时预防结果部外移，保持树体结构。夏季修剪作为辅助修剪，主要采用摘心、扭梢、曲枝等技术，以促进花芽分化。

(3) 花果管理。

疏花疏果一般在进入盛果期后进行。对花过多的植株应进行疏花处理，这样可提高花的质量，从而提高坐果率。疏花时间以花序伸出至初花为宜，有晚霜危害的地区以谢花后疏果较为稳妥。疏花量因树势、品种、肥水和授粉条件而定，旺树旺枝少疏多留，弱树弱枝多疏少留，先疏密集和弱花序，疏去中心花，保留边花。疏果可增加单果重，并提高果实品质，一般在早期落果高潮之后进行，以落花后2周左右进行为宜。每花序留1~2个果即可，首先疏去病果、畸形果，保留果形端正、着生方位好的果。

(4) 病虫害防治。

梨黑星病和梨黑斑病是栽培中发生较多的病害。梨黑星病防治措施为早春落花后至6月初，注意树梢发病情况，及时摘除、烧毁，清扫落叶、落果，剪除病梢。临近花期和盛花期各喷一次1：2：200波尔多液。5月中旬、6月中旬、7月中旬、8月上旬各喷1次800倍杜邦福星或1200倍多菌清。梨黑斑病防治措施为注意田园清洁，加强管理，增强树势。生长期喷1000倍优得乐药液防治。

梨大食心虫和梨茎蜂是栽培中发生较多的虫害。梨大食心虫防治措施为结合冬季修剪，剪去虫芽，开花后检查受害花簇（受害花簇鳞片脱落）并及时摘除。在发芽和结果期喷5000~7000倍10%高效灭百可乳油，800倍4%胺硫酸或40%胺硫酸或40%氧化乐果。梨茎蜂防治措施为结合清园，将老翘树皮刮除烧毁，消灭越冬若虫。春季，越冬若虫开始活动尚未散到枝梢以前和夏季群栖时可喷10%高效灭百可5000倍液或10%灭扫利3000倍液、40%氧化乐果800倍液。

5.3 猕猴桃

（1）选址和整地。

在猕猴桃的栽植选址中，要考虑猕猴桃对光照、湿度和土壤肥力的具体要求。选择猕猴桃栽植地段的时候，应切记猕猴桃是喜光植物。对于其生长和结果最有利的地段是日光照时长5~8h处（即1/3~1/2光照日）。在遮荫处或在完全开放的地带，会抑制藤蔓的生长和结果。猕猴桃属物种属于喜潮湿气候的植物，在其自然生长的地方，每年降水量在500~1200mm之间。因此，在乌克兰的第聂伯河西岸森林草原，在生长期特别是夏季干旱期，提供充足的水分是成功栽培猕猴桃的先决条件。由于水分不足，果实会变小，果实延迟成熟，枝条生长缓慢，叶片受损，产生褐色斑点，最终导致叶片卷缩并提早脱落。同时，土壤过度润湿对猕猴桃也是极其不利的，因为它会导致猕猴桃生长停止并死亡。猕猴桃对高水位的地下水很敏感，地下水位不应该低于90cm。猕猴桃偏好颗粒组成小、腐殖质含量高、土壤溶液呈弱酸性或中性的肥沃土壤。在黏重土壤上进行栽植，即使成年的猕猴桃植株也会停止生长。这样的土壤需要通过引入有机物质（粪肥、堆肥等）、沙子、泥炭来进行排水和改良。猕猴桃的栽植过程中需要防止强风，因为强风可以破坏其芽、叶和果实。这就是为什么在开阔的地段，建议从主导风向的一侧创建树木或高灌木的防风林。猕猴桃主要是大陆性气候的植物，因此即使是最耐寒的品种（狗枣猕猴桃和软枣猕猴桃）在生理休眠期间能经受-30℃的温度，但在生长季节初始时期，它们的嫩芽甚至花蕾也会被轻微的晚春霜冻所伤。所以，选择栽植猕猴桃的地点要十分谨慎，更偏好于南部和西部有光照的地段。

（2）幼苗的栽植和管护。

在定植地栽植猕猴桃，可在春季萌芽前（3 月下旬至 4 月上旬）和秋季（10 月的上旬到中旬）初霜前 2~3 周移植树苗。在定植地栽植猕猴桃，植株应在 2~3 年苗龄（苗高 50~70cm）时进行栽植，栽植后 2~3 年进入结果期。一年生苗木不宜栽植于定植地，它们需要在温室或者容器中生长 1~2 年，然后才能移栽入大田。

栽植坑需挖到 50~60cm 的深度，直径 50~60cm，用矿物肥料、腐殖质、堆肥，与肥沃的土壤混合制成的混合物填充。在黏重土壤上还需加入沙子和泥炭，底部铺上石头或鹅卵石。在栽植过程中，幼苗的根茎埋在比容器或温室的栽植高度深 5~6cm 处。栽植后，要充分浇水。栽植株距 3~5m，行距 4~5m。猕猴桃基本都是雌雄异株，为确保授粉过程，授粉树应按 1：(5~8) 的比例栽植（1 株雄株对应 5~8 株雌株）。猕猴桃是藤本植物，所以在栽植后需要立即搭建支架，如无固定支架，也要用临时支架引导茎干（架高达 1.8m）。固定支架可以在下一年搭建完成。

猕猴桃后续管护的所有农业技术措施，旨在创造有利的水、空气和营养条件，以确保猕猴桃生长和发育的最佳条件。主要的措施包括定期清除抑制猕猴桃生长的杂草，适时浇水、施肥和松土，并采取必要的修剪和整枝措施。

（3）猕猴桃栽培架势和整形。

猕猴桃的特征是枝条生长密集，在一季结束时其长度可以达到3~5m。猕猴桃的生物潜能只有将猕猴桃栽在支架的条件下才能实现。常用的有普通的栅篱（“扇状”）和T形支架或“廊形蔓栅”。猕猴桃栽培最好的支架是一个T形支架或双向单干形的“廊形蔓栅”。

在T形支架上进行三年猕猴桃植株的整形，要将主干引到上部中心线的高度处，其中两个主要侧向臂沿着线相反的方向修剪。为了做到这一点，在栽植后立即选择其中一个最强的枝条，垂直定向，将其系在支撑柱上，除去在基部出现的再生枝条。当枝条生长减弱时，建议将其剪除，保留几个芽，以加强其生长能力。如果主茎上形成侧枝，则要及时去除。还应注意茎不要爬过支架，当它达到上部金属线的高度时，则应该进行掐尖。之后，主枝上形成侧枝，其中两枝水平方向相反，它们形成主向（或侧向）臂。它们的长度可通过掐尖调节。第三年，冬季修剪时单干形缩减到直径大约6mm的地方，在其基础上会长出不同方向的侧枝。彼此之间保持30~40cm的距离，其余的在植株生长期间或冬季修剪期间被剪除。培育成型的植株，整枝期缩减后，第三年就可以收获第一批果实。

（4）整形修剪。

修剪是猕猴桃生长过程中非常重要的一项技术措施。正确进行修剪可以使树体最佳地利用太阳光进行光合作用，从而确保水果的高产量和品质。通常使用两种修剪方法：幼树阶段整形和结果阶段修剪。

由于猕猴桃属的种类不同，生长的速度不同，因此修剪的强度不同。长势较弱的品种（狗枣猕猴桃）需要较小的修剪，而长势旺盛的品种（软枣猕猴桃）应该进行大幅度的修剪。猕猴桃植株的基本修剪是在冬季进行的，直到2月中旬。过晚的修剪会导致猕猴桃植株的强烈“伤流”。此外，在生长季节需要修剪掉生长过于旺盛的枝条。

为了获得丰产且长势良好的结果植株，在定植后的头几年进行整形修剪是非常重要的。修剪的目的是根据栽培方式将一个或多个主茎修剪到所需的高度。定植后，建议在植株根部除去多余的茎，必要时切断嫩枝，刺激生长。与此同时，去除受损的芽，剪短纤细的和拳卷的芽。

为保持冠部的既定形状，维持生长和结果过程中的营养平衡，需对结果树进行修剪。每年在猕猴桃栽培园修剪期间，要剪除的一年嫩枝高达70%。植物的休眠期（冬季）和生长季节（夏季）都需要进行修剪。

夏季修剪包括疏枝，以及对生长密集的枝条进行打顶摘心，疏枝会使树冠变粗，夏季修剪应该在开花前开始。猕猴桃一年生枝条上当季抽发的枝条才能开花结果，所以在修剪时，大多数没有花的嫩枝被剪去，特别是在多年生茎杆和藤条上生长的枝条（顶端），只留下替换枝。

冬季修剪在落叶后立即开始。在修剪过程中，首先剪掉长势弱的、受损的、弯曲的以及细小的枝条，其次剪掉前几年结过果的老枝。要合理保留大约相同数量的一年生、两年生和三年生的枝条。

冬季修剪时，要对枝条进行疏除。根据修剪要求，将其修剪到必要的长度，在每个茎上留下最佳的一年生混合芽的数量（8~12 个）。连续几年结果产量低的结果母枝要逐渐剪除，留下芽进行替换。多年生茎上发育的一年生枝条也要剪除，因为它们大多是营养枝。

定植后的头几年，对雄性植株就要像对雌性植株一样进行整枝。然而，对已开花（多年生）植株的处理方式有些不同，因为它们的主要功能是提供用于给雌花授粉的花粉。通常情况下，对它的修剪是在夏季开花和摘心后立即将大多数枝条的长度修剪到 30cm。在冬季修剪期间，需另外将嫩枝修剪到 10 枝，剪掉缠绕和损伤的枝条。

（5）苗木培育。

猕猴桃既可以有性繁殖，也可以无性繁殖。有性繁殖中，为了培育幼苗，通常使用猕猴桃成熟果实的种子，保温 3~5d 后将其磨碎并用水洗涤。洗过的种子在纸上撒上薄薄一层，干燥后倒入纸袋中，在播种前将其储存起来。种子储存至 1 月，之后分层堆放。为此，需要将种子放在室温的水中，然后彻底与湿沙混合，比例为 1：3（1 份种子 3 份沙子）。将混合物倒入尼龙袋中，放入装有湿沙的容器中，在 18~20℃ 的温度下储存 45~60d，并在接下来的 45~60d 储存在较低的温度（3~5℃）中。在分层阶段，需要格外关注的是不要让底层沾水或干燥。装有种子的袋子应不时通风。在播种前的准备工作完成后，将种子转移到温度为 10~12℃的室内进行发芽。当猕猴桃的种子开始破裂时，将它们播种在温室或播种箱中。播种后 8~10d 会迅速出芽，在 2~3 周内长出两片叶子，此时可以进行苗木移植。之后，需要提供适时的管护，包括及时灌溉、除草和行间松土。第一年，栽植幼苗时很重要的是通过人工遮阴保护它们免受阳光直射造成的负面影响。冬季，为防止霜冻对幼苗的伤害，用落叶、稻草或其他有机物质将其覆盖。春季融雪后立即将覆盖材料除去，一旦土壤温度升高，将温室或播种箱的幼苗移栽到苗圃中。

猕猴桃具有较高的再生能力，夏季扦插（绿枝扦插）是其无性繁殖最有效的方法之一。夏季扦插繁殖猕猴桃时，插条的最高生根率达到 80%~100%。从当年的营养枝和混合枝中切下长 12~15cm（3~5 芽）的插条。插条的下部叶片与叶柄一起被除去，上部叶片剪短至 1/2 或 1/3。准备好的插条被栽植在大棚或温室中，预先填满草皮、泥炭和腐殖质（1∶1∶1）混合物的基质，在上面盖上一层（4~5cm）河沙。插条之间的株距为 5~7cm、行距为 8~10cm。遵循最佳生根状态（温度 20~28℃和空气湿度 80%~90%），在 10~15d 内，在插条的下切口会有愈伤组织生出，大约 20d 后形成第一批幼根。

5.4 葡萄

（1）整地建园。

葡萄园的地点应尽可能设在交通方便的地方，以便产品外运。地势应开阔平坦、排水良好。要有良好的水源，可灌溉。土层较厚，土质肥沃疏松，以透水性和保水力良好的土壤为宜。在风大的地方，最好选有天然防风屏障的地点建园，否则要建造防护林。全园深翻，地面撒施发酵粪肥，通常每 667m^2 使用 5m^3 左右，然后全面深翻 40cm 左右。也可沿行开沟施肥，下半部填入 500kg 左右杂草和熟土相混，上半部填入有机肥，每 667m^2 使用 5m^3 左右，并与熟土相混，直至填满。

（2）栽培方法。

葡萄栽培架式一般应根据品种特性、当地气候特点以及当地栽植习惯来确定。大多采用棚架，以便有较宽的行距供冬季植株防寒取土，并使根系不致因大量取土而裸露受冻害。无论是露地栽培，还是温室大棚栽培，都是南北成行，株距 0.7m，行距 1.8～2m，沿行起垄，每亩栽 300 株左右。冬季埋土防寒地区起大垄，不用埋土防寒地区起小垄。无论是露地还是大棚，都以春栽为宜，时间在 3—5 月土壤解冻后至发芽前，但越晚长势越弱。

（3）肥水管理。

栽苗后每 7～10d 浇水 1 次，保持地表潮湿，直至 9 月。期间下一场大雨，可以少浇 1 次水，但下小雨不能代替浇水。5—8 月，每次浇水的同时施复合肥，每 667m^2 10kg 左右，预先化开，随水冲施。每 15d 左右向叶底面喷布一次叶面肥。

（4）花果管理。

为了提高坐果率与增大果粒，提高产量和品质，可采用人工授粉方法。在盛花初期上午无露水时用毛刷在葡萄花序上刷拉，帮助授粉。花果期采用疏花序、掐副花序、疏花蕾、疏幼果等方法疏除过多的果粒，可提升果实品质。疏花序在花前半个月左右完成，掐去花序末端 1/5～1/3，把分化不良的副花序疏去。疏花蕾在开花前 5～10d 进行，用手轻轻撸花序，使部分花蕾脱落。疏幼果在生理落果后进行。

（5）整形修剪。

整形棚架可采用多主蔓扇形：主干高度 1m 以上，在棚架面上多个主蔓着生在主干延长蔓上。夏季修剪主要为抹芽、绑梢、去卷须、摘心和去副梢。生长前期抹去过多无用的嫩梢，新梢长 30cm 左右时绑在铁丝上，以免被风刮断，同时摘去卷须。开花前 5d 左右摘心，以提高坐果率。摘心后副梢开始萌长，果穗以下副梢全部摘除，果穗以上副梢留 2 片叶再摘心。

冬季修剪宜在落叶后至翌年 2 月前进行，2 月后常有伤流，不宜修剪。修剪时应选留主蔓上生长充实、成熟良好、无病虫害的枝条作为结果母枝。结果母枝剪留 2~4 个芽为短梢修剪，剪留 5~7 个芽为中梢修剪，剪留 8 个芽以上为长梢修剪。一般采用中、长梢为主，长、中、短梢相结合的方式进行修剪。粗壮枝可长留，瘦长枝可短留。在主蔓和侧蔓下部留部分短梢做预备枝，用以更新枝蔓。

（6）病虫害防治。

在葡萄休眠期，可以通过清园，剪除枯枝、僵果等，清扫落叶集中烧毁或深埋，减少越冬病源。在芽萌动期喷 1 次石硫合剂加 0.2%~0.3%有机硅农用助剂，可消灭越冬病源。新梢生长期至开花前，可以喷 1∶0.5∶200 倍波尔多液，主要防治黑痘病和灰霉病危害幼叶、嫩梢、花序等。落花后喷 1~2 次 3000 倍速灭杀丁液防治葡萄透翅蛾幼虫危害嫩梢。每隔 10~15d 交替喷 1∶0.5∶200 倍波尔多液或 1000 倍 70%甲基托布津液，也可使用三唑类杀菌剂与甲氧基丙烯酸酯类杀菌剂预防黑痘病、白腐病、炭疽病等。生长前期阴雨低温天气较多，叶片发生霜霉病时也可喷 800 倍 25%甲霜灵液，病害发生初期可使用烯酰吗啉防治，花期前后如有叶蝉危害，可喷施 2000 倍 25%吡虫啉液予以防治。6 月中下旬果粒黄豆大小时套袋，防治果实病虫害。果实着色期至果实成熟期，人工捕杀防治天蛾幼虫，喷 1∶1∶200 倍波尔多液防治霜霉病、炭疽病、灰霉病、白腐病等。果实采收期至休眠期，第 2 代天蛾幼虫危害时可喷 3000 倍速灭杀丁液。秋季阴雨天较多时重点防治霜霉病，可喷 1∶1∶200 倍波尔多液。

5.5 荚蒾

（1）整地及播种。

育苗地应选择排灌条件良好的地点，以地势平坦、土壤肥沃疏松、土层深厚的砂质壤土为宜。细致整地后，施有机肥 3000~5000kg/667m^2，筑成平床或高床。在种子形态成熟后于秋季直接播种，自然完成休眠过程，也可用种子层积法进行催芽处理，于春季播种。种子用0.2%福尔马林消毒，播前10d用0.3%福尔马林和0.2%敌杀死混合液对土壤消毒。每667m^2播种量30~40kg。一般采用条播，条距为20~25cm，播种沟播种10~15粒/m，播后覆土3~4cm厚，并保持土壤湿润。幼苗出土前后，要及时防治蝼蛄等地下害虫。

（2）移植。

带土移植是提高荚蒾成活率的关键措施，还可以缩短起苗到栽植的时间。最好做到当天起苗当天栽植。如果长距离运输，途中一定要严密覆盖，防止苗因风吹严重失水，影响成活率。

根据荚蒾土球大小，挖好树坑。土球放入后，周围最少要有20~30cm的填土空间。将所填土充分踩实，使土球和周围新土紧密结合。第1次水要浇透。只有当荚蒾新根萌出扎入周围新添土内之后，浇水才能和日常管理一样。栽植深度以新土下沉后荚蒾基部原土，即与地平面平行或稍低于地面3~5cm为准。

（3）水肥管理。

荚蒾移植后，水分管理是保证栽植成活的关键。新移植的荚蒾，须保证连续灌3次透水，确保土壤充分吸水并与根系紧密结合，以后根据土壤和气候条件适时补水。在日常养护管理时，只要保持根系土壤适当湿润即可，灌水量及灌水次数可根据树木生长情况及土壤、气候条件决定，做到适时适量，否则土壤含水量过大反而会影响土壤透气性能，抑制根系呼吸，对发根不利，严重时还会导致烂根、整树枯亡。

新植荚蒾基肥补给应在树体确定成活后进行，一次用量不可太多，以免烧伤新根。合理追施一些有机肥料，可以改良土壤结构，提高土壤有机质含量，增加土壤肥力。在天气晴朗、土壤干燥时进行，施充分腐熟的有机肥。

（4）修剪。

荚蒾在栽植前需修剪。适当剪去一些枝叶及断枝，可以减少水分蒸腾，保持树体水分代谢平衡，有利于树木成活，尽快恢复生长。

（5）病虫害防治。

夏季易出现蚜虫、叶螨类，注意消灭越冬虫源以控制翌年发生量。病害发生前喷洒65%代森锰锌600倍液、50%石硫合剂500~800倍液，可起到保护作用。平时养护管理中需及时剪除患病枝叶。

5.6 山茱萸

（1）选地整地。

育苗地宜选择背风向阳、光照良好、土层深厚的缓坡地或平地。土壤应为疏松、肥沃、湿润、排水良好的砂质壤土，土壤酸碱度应为中性或微酸性，不宜连作。栽植林地以中性和偏酸性、具团粒结构、通透性佳、排水良好、富含腐殖质及多种矿质营养元素、较肥沃的土壤为宜。海拔在200~1200m之间的背风向阳的山坡，且坡度不超过20°~30°。高山、阴坡、光照不足、土壤黏重、排水不良等处不宜栽培山茱萸。

育苗地选好后，应在入冬前进行一次深翻，深度以30~40cm为宜，播种前每亩可施基肥2500~3000kg。做畦，畦宽1.2m，高25cm。对易发生地下害虫的育苗地，整地时每亩可用辛硫磷粉剂1.5kg。为防病害发生，可用50%多菌灵对土壤进行消毒处理。

（2）移栽定植。

山茱萸每亩宜栽植30~50株，条件好的栽培地宜稀一些，条件差的栽培地可以密一些。整体布局以正方形排列为好。山茱萸休眠期是最适宜的栽植期，一般在12月至翌年1月进行。带土起苗，最好选择阴天进行。栽植前进行根系修剪并蘸泥浆，以保护苗木根系不受损伤。在栽植穴内，每穴施厩肥2kg。埋土至苗株根际原有土痕时轻提苗木一下，使根系舒展，扶正、填土、踏实，浇定根水。

（3）田间管理。

栽植后的前3年，每年可视情况中耕除草2~3次，操作时应注意不要伤害幼树和根系。施肥应根据山茱萸的生长习性和长势、结果多少适期、合理地施肥，并注意有机肥与化肥配合施用，氮、磷、钾肥配合施用，土壤施肥与叶面喷肥配合施用。山茱萸在定植后、开花期、幼果期，或遇天气干旱时，要及时浇水保持土壤湿润，保证幼苗成活和防止落花落果造成减产。

（4）整形修剪。

山茱萸栽植后，通过整形修剪，调整树体形态，提高空间和光能利用率。主要控制主枝数量不要过多，减少相互交叉重叠的树枝，增加树冠内部通风透光性。

（5）疏花。

山茱萸结果会出现大小年现象。在结果大年时，除冬季重截枝、控制花量外，开花时可进行疏花。具体方法是：根据树冠大小、树势强弱、花量多少确定疏除量，一般逐枝疏除30%的花序，即在果树上7~10cm距离留1~2个花序，可达到连年丰产的目的。在小年则采取保果措施，即在盛花期喷0.4%的硼砂和0.4%的尿素。

（6）病虫害防治。

危害山茱萸的病害主要有炭疽病、角斑病、灰色膏药病等。可树冠喷洒1∶2∶200波尔多液保护剂，每隔10~15d 1次，连续3次，或者喷50%可湿性退菌特800~1000倍液。

危害山茱萸的害虫主要有绿尾大蚕蛾、大蓑蛾、山茱萸蛀果蛾、黄刺蛾、木尺蠖、绿腿腹露蝗、大青叶蝉、小绿叶蝉等。可利用黑光灯诱杀成虫；在初龄幼虫群集叶背危害时，可人工摘除；发病初期可用90%晶体敌百虫800~1000倍液喷雾。成虫期用2.5%溴氰菊酯2500~5000倍液喷施。

5.7 五味子

（1）选地整地。

选择土壤肥沃、质地疏松、排水良好的砂质壤土。深翻细耙，施足底肥。一般翻地深度 25~30cm，每 667m^2 施厩肥 4000~5000kg。播前作畦，畦高 20cm，畦宽 1~1.3m，畦长视地形而定。

（2）种植方法。

将五味子果实用温水浸 3~5d，搓去果肉，洗出种子，漂去秕粒。用种子 3 倍量的湿沙充分拌匀，进行沙藏催芽。一般沙藏处理 70~90d，胚根稍露，即可播种。以春播为宜。横向开沟，行距 15cm，沟深 5cm 左右，将种子均匀撒于沟内，覆土 2~2.5cm，适当镇压。一般每 667m^2 播种量 5kg 左右。

移栽宜选二年生苗，一年生壮苗也可。春、夏、秋三季均可移栽，但以春、秋两季为好，成活率高。春季应在芽萌动之前，秋季应在落叶之后，夏季于雨季挖苗带土坨移栽。开穴移栽，穴距、穴深各 30cm。穴底施适量厩肥，覆一层土，然后栽苗。栽时将根舒展开，填一部分土，随之轻轻提苗，再填土踏实，然后灌足水，待水沉下再填土封穴。

（3）田间管理。

五味子为浅根系植物，不耐干旱，生育期间应保持土壤水分、养分充足。生长期应视土壤水分状况及时灌水，并追肥，一般于 5 月上旬进行第 1 次追肥，每 667m^2 施尿素 20kg，促其生长发育；于 6 月末进行第 2 次追肥，每 667m^2 施过磷酸钾 40kg，促其果实生长和成熟。生长期结合松土进行除草，每年需进行多次，做到表土层疏松、田间无杂草。

人工栽培必须及时剪枝。剪枝应于每年冬季或早春芽萌动前进行。具体操作是：控制基生枝，选留 3~4 个壮条培养，其余基生枝全部剪掉或从根部刨除。剪枝应剪去短果枝，保留中、长果枝，因为多年生短果枝开雄花多，结果性能差。疏去过密的中、长枝条，以利通风，并促进开花结果。同时在剪枝时要注意将病虫株、徒长株、瘦弱枝、老龄枝和不结果枝条剪去，以集中养分供给结果需要，确保丰产丰收。

（4）病虫害防治。

五味子栽培中发生的病害主要为叶枯病。于 6—7 月发生，先由叶尖或叶缘开始浸染，逐渐扩大，直至枯黄脱落。可用 50%托布津可湿性粉剂

800 倍液喷洒叶面，或退菌特喷布，每隔 10~15d 喷 1 次。

五味子在育苗期多发生蝼蛄、蛴螬、金针虫等地下害虫，可用毒饵防治。定植期主要害虫为卷叶虫，可用 50%倍晴松乳剂 1500 倍液喷杀。

5.8 桃

（1）选地整地。

桃树的种植园地应该选择地势较高、阳光较为充足的地区，以肥沃且土层较为深厚的土壤为宜。在秋冬季节要对土地进行翻整，使土壤的性状发生有效改变，增加土壤的透气性，这样既能提高苗木成活率，又能有效杀死土壤中的病菌。

（2）育苗方法。

育苗可以选择种子繁殖或芽接的方法。种子繁殖选择地势平坦、排灌良好、微酸性土壤作为苗圃地。以行距 20~40cm、株距 5~10cm 点播。播种量为每 667m^2 200~250kg。芽接可以根据栽培需要选择适宜时期进行嫁接。

（3）种植方法。

选取枝干较为粗壮、根系较发达的苗木，最好选取苗高在 80cm 以上、主干直径在 0.8cm 以上的苗木。种植密度以 5m×3m 或 5m×4m 为宜，每 667m^2 的种植量在 35 株左右。一般在秋季桃树落叶后或第二年春季发芽前种植。采用穴植的方法，定植穴深 60~80cm、宽 100~120cm。种植前在穴内施入底肥 25~50kg。种植后需要浇水，以使桃树根系稳固。生长期缺水时，需要及时浇水。

（4）水肥管理。

桃树较耐瘠薄，种植初期需肥量较低，当桃树进入旺盛生长期需要逐渐增加施肥量。一年需要施肥 3 次左右，第一次可以施有机肥，第二次施肥要施入氮肥，第三次则需施入速效磷等，这样能够帮助树体保持良好的养分，使其能够全面成长。桃树生长需水量较低，但是也要在夏季干旱时进行灌溉，以使桃树的生长具有充足的水分。

（5）整形修剪。

对桃树的整形可以选择自然开心形。当树木长到60cm左右时，需要在40~60cm之间枝干培养相应的侧枝，使侧枝能够更好地利用植物生长的空间，提高受光程度。在6—8月进行疏梢以及剪梢，以使树木光照更加充足，提升成果的速率。冬季修剪时，长果枝可在10~12对花芽处修剪，中果枝留5对花芽短截，短果枝可以剪除密的或质量差的花芽，若基部有叶芽，可短截更新。

（6）病虫害防治。

在防治病虫害时，可以结合修剪等环节，有效清除病虫害源头，秋季要深耕，使树木保持良好的长势，提升预防病虫害的能力。

桃树的主要病害有桃褐腐病、炭疽病、细菌性穿孔病、褐锈病、疮痂病等。防治方法主要是做好清园工作，同时采用化学药剂防治。在桃树萌芽前，喷施石硫合剂，果实生长期可喷50%多菌灵600倍液。褐腐病可以使用1000倍退菌特。

桃树的虫害主要有天牛、桃蛀螟、蚜虫、桃象鼻虫等。天牛可用敌敌畏防治；桃蛀螟可用50%杀螟松1000倍液，10~15d喷药一次；蚜虫可用40%乐果乳剂2000倍液或马拉松乳剂800倍液；桃象鼻虫可利用其假死性进行防治。

5.9 木瓜

（1）采种。

8—9月当木瓜外果皮呈青黄色时，即可进行采收。将采回的鲜果剖开，掏出种子晾干，选取籽粒饱满的留种；也可在11月果皮风干后，削开果实、取出种子，进行留种。

（2）育苗。

木瓜育苗以播种繁殖为主，也可行压条、扦插和嫁接等多种方法。播种育苗前，用适量浓度苏打溶液浸泡种子6~8h，浸后捞起沥干，掺拌沙子，按行距20cm，一起撒播于苗床中，薄薄覆土后盖层稻草，保持湿润，40~50d即可出苗。苗期要及时拔草、松土、施肥和浇水。在长出2~3片叶时，减少淋水，促根深扎及防止徒长。4叶期开始施薄肥，5叶期可开始炼苗。

（3）栽培定植。

幼苗培育2~3年后，待苗高1m以上再行出圃定植。定植方式主要有秋植和春植两种。秋季一般在落叶后封冻前进行，有些地方冬季严寒干燥，越冬易死亡。气候温暖的地区，可以春栽，也可以秋植。春栽在苗木萌动前进行。苗木定植密度一般为山地3m×4m，平地4m×5m。

（4）病虫害防治。

木瓜病害种类有10余种，其中以轮纹病、炭疽病、灰霉病、锈病、叶枯病、干腐病、褐斑病等危害较为严重。炭疽病传统防治方法除冬季修剪病枝、清除僵果病叶并集中烧毁的农业防治措施外，还采用在冬季喷施3~5°Bé石硫合剂、4月底喷70%甲基托布津1000倍液（每隔10天喷1次）、5月底6月初喷75%百菌清500倍液2次以上。灰霉病防治方法为在苗木出土后，用1∶0.5∶200波尔多液每周喷洒1次，连用2~3周；或用1500倍70%甲基托布津液每10天1次，喷2~3次。发病期间用65%代森锌可湿性粉剂或50%苯来特防治。

5.10 结论

在我们这个时代，育种的方向正在发生变化，由创造破纪录型品种向创造劳作型品种转变，即适应性育种。适应性作物生产的核心是农业技术的生物化和生态化，它解决了为人口提供食物和保护生存环境的问题。适应性作物生产涉及培育耗能较少的新品种，因为这样的植物能够抵御干旱、霜冻、病虫害和杂草。

园艺科学的一项重要任务是通过减少对水果产量和质量的影响，培育新品种，培育能抵抗自然界变化，并具有重要社会和经济意义的新品种，使园艺适应气候变化。

植物的引种（从其他地理区域引入）经历了几个世纪，在19世纪和20世纪尤为频繁。它是植物园、园林研究所、实验站、树木园科学工作的主要方向之一。乌克兰21世纪的包括果树在内的树木引种战略，与其他时期相比有不一样的特点。由于19世纪到20世纪的密集引种，乌克兰创造了最丰富的植物物种基因库，其数量是本土植物物种数量的三倍。

掌握大量引进的作物种并不是十多年的事，而且经济条件（需求量）才是有效标准，在目前生物技术水平发达的条件下，植物的生物本性比以前更容易受人类干预。

引种的实际意义在于从大量的植物品种中将满足现代要求的最珍贵的品种转移到新的条件中，这在育种过程中是可能的。在这种情况下，处于首位的当属对引种植物的生物学研究，再者就是对育种工作某种程度上的限制，尽管这一过程非常难控制，尤其是在与外国接触机会增加的现代条件下。

很多宝贵的、有意义的品种在数十年前甚至数百年前被引进，但是它们接下来的命运却各有不同。评论近几十年来引种和育种的成功，就要提到这些新型的水果和浆果植物，如番荔枝、榅桲、猕猴桃、山楂、接骨木、蓝莓、黑莓、金银花、食用板栗、中国猕猴桃、山茱萸、沙棘、柿子、桑葚等，这些植物得到了普及和成功种植，可以说：“那些被人手所触及的植物真是很幸运。”

参考文献

[1] Алексеев В. П. Растительные ресурсы Китая. （Плодовые, овощные, технические, декоративные）. –П. ： Наука, 1935. –236 с.

[2] Атлас перспективных сортов плодовых и ягодных культур Украины. –К. , 1999. –476 с.

[3] Вавилов Н. И. Селекция как наука//Генетика и сельское хозяйство. –М. ： Знание, 1967. –С. 5–19.

[4] Вигоров Л. И. Биоактивные вещества и лечебное садоводство//Тр. по БАВ. –Свердловск, 1968. –С. 7–18.

[5] Гришко Н. Н. Творец новых форм растений Н. Ф. Кащенко//Изв. ВН СССР. –1951. –№4. –С. 4–6.

[6] Державний Реєстр сортів рослин, придатних для поширення в Україні у 2005 році–К. , 2005. –243 с.

[7] Джуренко Н. l. , Паламарчук О. П. , Скрипченко Н. В. Біологічно активна складова плодів лимонника китайського//Фармацевтичний часопис. –2008. –№ 2 （6） –С. 61–65.

[8] Джуренко Н. И. , Паламарчук О. П. , Клименко С. В. Фітохімічні особливості дерену справжнього （Cornus mas L. ） //Медична хімія. –2005. –Т. 7, № 4–С. 88–90.

[9] Жуковский П. М. Культурные растения и их сородичи. –Л. ： Наука, 1971. –С. 13–30, 462–464.

[10] єрмаков О. Ю. Сучасний стан і особливості розвитку промислового садівництва в Україні//Садівництва, 1999. Вип. 24. –С. 194–204.

[11] Клименко С. В. Айва обыкновенная. –К. ： Наук. думка, 1993. –285 с.

[12] Клименко С. В. Кизил на Украине. –К.: Наукова думка, 1990. –175 с.

[13] Клименко С. В. Кизил. Сорта в Украине. Полтава: Верстка, 2007. –44 с.

[14] Клименко С. В. Недвига О. Н. Хеномелес: интродукция, состояние и перспективы культуры//Інтродукція рослин. – 1999. – №3 – 4. –С. 125–134.

[15] Клименко СВ., Недвига ОН., Скрипка ЕВ. и др. Биологически активные вещества новых плодовых растений//Тез. докл. 3 Укр. конф. по мед. ботанике. Ч. 2. –К. 1992. –С. 66–67.

[16] Клименко С. В. Селекція аналітична і синтетична як результат планомірної інтродукції//Інтродукція рослин. – 1999. – №1. – С. 78–84.

[17] Клименко С. В. Сорта кизила (Cornus mas L.) с рецессивными признаками окраски плодов и их охрана. Материалы международной научной конференции, посвященной 200-летию Никитского ботанического сада《Достижения и перспективы развития селекции, возделывания и использования плодовых культур》. –Ялта, 2011. –С. 20–22.

[18] Колбасина Э. И. Актинидия и лимонник в России (биология, интродукция, селекция). –М.: Россельхозакадемия, 2000. –264 с.

[19] Костырко Д. Р. Лианы в Донбассе. –К.: Наук. думка, 1984. –128 с.

[20] Косых В. М. Дикорастущие плодовые породы Крыма. –Симферополь: Крым, 1967. –171 с.

[21] Липкан Г. Н. Применение плодово-ягодных растений в медицине. –К: Здоровье, 1988–152 с.

[22] Нароян А. К. Кизил в Армении. Автореферат на соиск. уч. степ. канд. с/х наук. Ереван, 1954. –16 с.

[23] Осипова І. Ю. Клименко С. В. Біологічно активні речовини нетра-

диційних плодово-ягідних рослин//Матеріали Міжнар. наук. конф. 《Лікарські рослини: традиції та перспективи досліджень》: Березоточа, 12-14 лип. 2006 р. -К, 2006. -С. 317-322.

[24] Полонская А. К. Биопотенциал листьев некоторых плодовых культур в связи с перспективами их использования в лечебно-профилактической пищевой продукции//Матеріали Міжнар. наук. конф. 《Лікарські рослини: традиції та перспективи досліджень》: Березоточа, 12-14 лип. 2006 р. -К., 2006. -С 325-329.

[25] Программа и методика селекции плодовых, ягодных и орехоплодных культур. -Орел: Изд-во ВНИИСПК, 1995. -С. 90-110.

[26] Реєстр сортів рослин, придатних для поширення в Україні у 2004 році. -К.: Алефа, 2003. -230 с.

[27] Рудковський Г. П. Кизил і його значення в садівництві УРСР// Вісн. АН УРСР. -1953. -№ 11. -С 49-51.

[28] Симиренко Л. П. Иллюстрированное описание маточных коллекций Питомника. - К.: Изд-во Императ. Ун-та святого Владимира, 1901. -С. 220-236.

[29] Симиренко Л. П. Помология. Т. 2. -К.: Наук. думка, 1963. -327 с.

[30] Симиренко Л. П. Крымское промышленное садоводство. -Симферополь: Таврия-Плюс, 2001. -992 с.

[31] Скрипченко Н. В, Дзюба О. l. Вплив лазерної обробки насіння на ріст та розвиток деяких деревних ліан//Вісник Київського національного університету імені Т. Шевченка: Вип. 25 - 27. -2009. -С. 144-146.

[32] Скрипченко Н. В. Мороз П. А. Актинідія (сорти, вирощування, розмноження). -К.: Фітосоціоцентр, 2002. -43 с.

[33] Скрипченко Н. В. Використання методу гібридизації в селекції актинідії//Бюлетень Государственного Никитского ботанического

сада. Вып. 101-2010. -с. 40-43.

[34] Скрипченко Н. В. Особливості цвітіння та плодоношення актинідії при інтродукції в НБС ім. М. М. Гришка НАН України//Биологический вестник. -Т. 12., №2. -2008. -С. 62-65.

[35] Тахтаджян А. Л. Система магнолиофитов. - Л.: Наука, 1987. -439 с.

[36] Хашба Д. Х. Размножать лучшие сорта и формы кизила. -Сухуми: Абгосиздат, 1962. -23 с.

[37] Шайтан И. М., Клименко СВ., Анпилогова В. А. Высоковитаминные растения на приусадебном участке. -К.: Урожай, 1991. -240 с.

[38] Шайтан И. В., Чуприна Л. М., Анпілогова В. А. Біологічні особливості вирощування персика, абрикоса, аличі. -К., 1989. -254 с.

[39] Шайтан l. М., Мороз П. А., Клименко С. В. та ін. lнтродукція і селекція південних і нових плодових рослин - К.: Наук. думка, 1983. -216 с.

[40] Шелепов В. В., lщенко В. l., Чебаков М. П., Лєбєдева Г. Д. Сорт і його значення в підвищенні урожайності//Сортовивчення та охорона прав на сорти рослин//Науково - практ. ж. № 3, 2006. -С. 108-115.

[41] Щеглов Н. И. Изменчивость и методы ее изучения в селекции плодовых культур. Автореф. дис. докт. биолог. наук. Краснодар, 1999. -41 с.

[42] Browicz K. Chorology of trees and shrubs in South-West Asia and Adjacent Regions. - Warszawa - Poznan: Polish Sci. Publiscers, 1986. - Vol. 5. -87 p.

[43] Dostal L. Poznamky k vyskytu Cornus mas L. na vychodnom slovensku// J. Biologia, 1978. -№ 33. -S. 829-831.

[44] Foster S. Forest Pharmacy: Medicinal plants in American forests//Forest

History Society. Durham, North Carolina, 1955. -P. 57.

[45] Iwashina T., Hatta H. The flavonoid glycosides in the leaves of Cornus species//Annals of the Tsucuba Botanical garden. - 1992. - № 1. - P. 23-37.

[46] Klastersky J. Drin (Cornus mas L.) na Ceskokrumlovsky//Dendrologicky sb. -2. -S. 299-300.

[47] Kucharska A., Sokol-Letowska A., Klimenko S., Grigorieva O., Pioreski N., Krol K., Laskowska J. Charakterystyka odmian derenia wlasciwego (Cornus mas L.). IV ogolnopolska konferencja naukowa. Technologov przetworstwa owocow i warzyw. Lodz 20-21 Maja 2011. -S. 22.

[48] Lancaster R. Plant profiles//The Garden. - 1990. - 115, part 2. -P. 58-59.

[49] Pirc H. Selection von grosfrichtigen Cornus mas L.//Gartenbauwissenschaft. -1990. -55 (5). -S. 217-218.

[50] Pirc H. Cornus mas 《Jolico》//Gartenbauwissenschaft. 1994. N 6. S. 8-10.

[51] Pirc H. Selection von großfrüchtigen Cornus mas L.//Gartenbauwissenschaft. 1990. 55 (5). S. 217-218.

[52] Reich Lee. Cornelian Cherry: From the Shores of Ancient Greece//The magazine of the Arnold Arboretum of Harvard University. 1996. 56, N 1. P. 2-7.

[53] Weber C. Cultivars in the GenusChaenomeles.//Bulleten of Popular Information of the Arnold Arboretum, Harvard University. - 1963. - vol. 23. -№3. -P. 17-75.

致　　谢

首先感谢原作者乌克兰国家科学院 H. H. 格里什科国家植物园的主任研究员 C. B. 科李湄科和 H. B. 斯科里普琴科博士，是她们和同事一起经过漫长的、传统的杂交育种技术选育了本书中的所有品种，并执笔完成了本书的撰写工作。感谢乌克兰国家科学院 H. H. 格里什科国家植物园园长 H. B. 扎依湄科院士及其学术委员会的授权，本书才得以翻译出版。

特别感谢杨永年教授，是他一直致力于佳木斯大学与乌克兰国家科学院 H. H. 格里什科国家植物园科研合作事宜，并于 2013 年促成两单位在软枣猕猴桃等经济植物新品种选育、栽培及果实加工等领域建立了长期稳定的科研合作，在此深表谢意！

特别感谢黑龙江省农业职业技术学院周爽老师和佳木斯大学外国语学院刘丹慧副院长的大力支持与帮助，在本书翻译的过程中给予了认真的校译和修改。除此之外，还要感谢佳木斯大学刘德江副教授、田立娟老师等对本书中文译稿的校译和修改，在此一并致谢。

特别感谢中央支持地方高校改革发展资金优秀青年人才项目（2020YQ09）、黑龙江省省属高等学校基本科研业务费优秀创新团队建设项目（22KYYWF0655）、科技部高端外国专家引进项目（G2022011008）的资助，使本书得以顺利出版。

最后，此书在翻译过程中难免有所纰漏或理解不当，敬请各位读者批评指正、深入交流，在此深表感谢。

申健

2022 年 1 月 15 日于佳木斯大学